U0067362

規律的尋求

黃敏晃 著

作者簡介

黃敏晃

　　美國 Purdue 大學數學哲學博士，曾任美國印地安那大學數學系助理教授。於民國六十年回國後，一直在國內的數學教育界工作，獨自寫過也和他人合寫過多套國中和高中的數學教科書。

　　民國六十四年和民國八十年，二次接受教育部的委託，主持國民小學數學課程標準的修訂工作，以及之後由課程標準發展成實驗教材的實驗工作。實驗教材後來再度改編成全國普及使用的小學教科書，對國小的數學教育有很大的影響。

　　民國八十年，和同事朱建正教授一起設計了多條數學學步道（如：台大校園椰林的秘密、台北火車站的步道）。提倡數學的教學何以走出教室的想法，踏出了開放教育的第一步。

　　民國八十七年八月一日於台大數學系退休。

周　序

　　許多人回想起自己求學的階段，常有：「數學是我的痛」的感慨，也偶有「放棄它」或「考完後，永遠也不要再碰數學！」的念頭。嚴守系統、邏輯的知識體系，著重在較高難度的解題技巧，與僅看結果不理會過程的考試方式，使大多數學生一直處在挫折、無趣、焦慮的數學學習境遇中。可能有些人會說：「我們的數學成績在國際競賽中是值得驕傲的！」的確，競爭中的勝利是值得喝采，但看看在全體測驗時，低分組所表現的成績，再看看國三教室的數學課景象，與聯考時全體學生的總平均，我們不得不問：「數學教育到底發生了什麼事？」它真是那麼難學又可怕嗎？學生一定要有這些不愉快的學習經驗嗎？

　　無論巴比倫時代人們以數字記事，或是古埃及人利用幾何原理來丈量田界，數學就如其他科學的發展，最初都是因生活的需要而產生，也與人類有深厚情感。但時至今日，學校制式化，教育形式重於教育實質。又著重在表徵教學成果的評量要求下，數學教學逐漸失去其生活化的單純與情感，也逐漸與「人」脫離。學生變成考試的機器，

老師成為整人的命題者,「數學」在許多學生的求學生涯中也因此變成最不愉快的學校學習生活應鑑。

　　對於中小學老師而言,黃敏晃教授是位很受愛戴而熟悉的老師。多年來一直以一份傻勁投入教材教法之研究、改進,與師資培育的實務工作。不論在學識或是經驗,黃教授都可說是目前中小學數學教育的專家,最難得的是他鍥而不捨的田野觀察與研究,常提供非常務實而有用的教材與教師進修課程。

　　「規律」是科學的基本成分,如何在自然界中尋找規律更是科學的主要工作。在這本書中,黃教授以非常生活化的材料,如地磚、身份證、圖案來讓我們感到規律的無所不在,簡單而有趣。另有一部分,係以目前中小學教材做為尋找規律的素材,能使學生對於學校之教材有較深入的領悟與感受,這部分材料對老師、父母與學生都很有用。總之,這是一本在枯燥、無味的學校數學學習中,可增加樂趣的補充教材,也為老師、父母與學生提供了學習數學的另一扇窗,與黃教授另一本著作——「數學年夜飯」相得益彰,為中小學數學教育注入一滴甘泉。

周麗玉

台北市中山國中校長

曹 序──
人是尋求規律的動物

人是尋求規律的動物，從語文及數數目發展的過程就可看出端倪。

語文要是沒有規律，彼此無法溝通，就不成為語文。語文的規律大致有兩個層次。一個是大體的結構，譬如字序，中文的「狗咬我」和「我咬狗」，意義完全不同，而日文要把「狗咬我」說成「狗（把）我咬（了）」。又譬如，必要時，時間空間要講清楚，否則不知道你講的是何時何地的事。另一個層次是較細緻的變化，譬如英文動詞過去式的語尾變化，中文因類而不同的各種數量詞用法（個、隻、顆、粒、……）。

小孩子學語文，結構層次的規律很快就掌握得差不多，細緻變化那一層次則會引起一些學習的困擾，因為規律大致是有的，但不清楚或例外的地方也不少。

譬如英文的過去式，大致來說是用動詞加 ed 的形式；這是規律。但不規則動詞也不在少數。以英文為母語開始學話的小孩子，受環境的影響，知道 go 的過去式為

went；不過學得愈來愈多的規則動詞之後，有一段時間會不自覺地把 go 的過去式說成 goed。經過父母老師的糾正，他才知道動詞有規則的，也有不規則的，於是捨棄 goed，重新又說 went。

人類在發展語文的過程中，體認到現在與過去需要有所區別，於是英文就用不同的字代表現在與過去，所以一些常用動詞都是不規則的。不規則動詞一多，使用就不方便，於是發展了以 ed 代表過去的規律。不過，已經有的不規則動詞早已成了文化的一部分，只好任其不規則。然而，人到底是尋求規律的動物，於是許多現在已不常用的不規則動詞，如 dwell（住；通常用 live 表之）的過去式 dwelt 就很少人會用，而 dwelled 也逐漸取得合法的地位。相信這樣發展下去，英文的不規則動詞會愈來愈少。

中文數量詞的用法，常常和歸類有關。有腳動物歸成一類（人除外），以隻數之；長條形的東西以條數之等等。歸類自然得尋找共同的表徵，也就是尋求規律。當然，老祖宗在發展數量詞的過程中，歸類的工作沒做得非常科學。顆與粒怎麼區別？大體來說，粒指的是顆粒狀中較小者，顆則大小通用。粒可大到怎樣的程度？我們說一

粒蘋果或一顆蘋果都可以；顯然粒至少可用到大如蘋果者。不過比蘋果稍小的心臟則不能以粒來數（至少國語如此）。另一極端，在閩南話中，我們常說一粒西瓜，而不說一顆西瓜；用國語，則說一個西瓜，而少說一顆西瓜。我相信應規律化之趨勢，數量詞會愈來愈簡化。

英文的 11（eleven）是 10 餘 1 的意思，12（twelve）是 10 餘 2 的意思，13（thirteen）是 3＋10 的意思，一直到 19 都是加法的想法。不過過了 20，規律建立了，先說整的部分再說零的部分，從此往下數就很順暢。很多語文都有類似的發展過程，一開始慢慢數，後來數出心得、數出規律來。像中文很早就建立了十進位的數數法規律，是很難得的。

人是尋求規律的動物。觀察了天象，知道天體運行的規律，還進一步，建立了曆法來規範作息。歷史學家尋求朝代改變的規律，想借此做為殷鑑。地理學家注意到，在地球上，無論南半球還是北半球，只要在緯度 30°與 40°之間靠海的部分，夏天氣候一定是炎熱乾燥，冬天都是溫和潮濕，因此都有類似的植物生態。所以地中海型氣候的規律就不限於地中海一個地方了。

　　人是尋求規律的動物。數學裡有許許多多不很複雜的規律可讓學生去尋求。尋求規律很有趣，而且可以累積許多經驗，以便用於其他領域中規律之尋求。

曹亮吉

台大數學系教授

自 序

收集在這本書中的十二篇文章，都是筆者比較早期的作品，在一九七○和八○年代陸續發表於「科學教育」、「數學傳播」、「國中生」和「科學月刊」等和數學教育有關的雜誌上。這些文章的來源，大致上可分成兩類，這兩類都與筆者當時所進行的兩樣工作有關，略述如下。

一九七一年筆者學成回國時，適逢國內數學教育界針對中學數學教科書化做反省檢討的工作。當時的重點放在如何清除早些年由美國 S.M.S.G. 新數學實驗教材對國內中小學數學教科書編輯方向之影響，並發展出具有本土風味的數學教科書。

S.M.S.G.（School Mathematics Study Group）是美國朝野對一九五○年代末期蘇聯搶先成功發射人造衛星而作的第二波因應工作下之產物。第一波的因應工作是努力發展尖端的科學研究，但他們發現大量缺乏科技人材。於是，第二波的因應工作就是提倡科學教育之改革，培養未來之人力資源。

尖端的數學人材一定要從研究生的訓練開始。美國各

大名校開始擴充研究生的名額時發現，美國的大學畢業生
夠資格進研究所就讀的人數大大不足。除了向國外招收研
究生外，他們想改進大學的數學課程，使修過這些課程的
大學生夠資格進入研究所研讀。

　　大學的數學課程改革之後，美國大學的數學教授們發
現，大部分收進來的大學生，無法直接修這些課程，原因
是中學的數學課程無法和這些課程銜接。於是有人建議成
立工作小組，嘗試做中小學數學課程的改革工作，這就是
S.M.S.G. 小組成立的原因。

　　S.M.S.G. 這批工作小組的數學家，由耶魯大學數學
系的 Beagle 教授帶頭。他們當時認為中小學的教學課程
太過落伍，沒有採取現代數學的知識結構方式，知識的獲
得也沒有運用嚴格的邏輯推論。所以，他們用這樣的方式
重組了中小學的數學知識，編製了實驗教材，並培訓實驗
老師，在若干學校進行教學實驗工作。

　　由於這件事情聲勢浩大，名聞國際，各國數學教育界
都受到或多或少的影響，其中以我國的情形最為嚴重。一
九六四年起，我國採用 S.M.S.G. 的高中數學實驗本之譯
本，作為全國通用之高中數學課本。一九六八年，我國開
始實行九年義務教育時，也採用 S.M.S.G. 的初級中學實

驗課本之譯本，作為全國通用之國中數學課本。

　　由於 S.M.S.G. 當時之工作，乃為準備資優之精英學生，早日進入學術研究領域，而不是做一般性的課程改革，故其實驗教材實不適合作一般的教材。他們在美國也只在很少數的學校實驗，但我們卻拿來全國通用，又沒有好好地進行師資之培育工作，因此造成大批師生都無法適應這套數學教材的現象。

　　筆者於一九七一年回國時，台大數學系的許多師長正在處理這件事。筆者因緣際會，投入了中小學數學課程的改革工作，及編寫教科書之行列，一直到現在都沒離開。

　　在編寫數學教科書的過程中，筆者偶爾有些感想，但不適合直接放入教科書內，因此就把這些材料寫成文章刊登出來。如本書中的「零多項式之次數」、「真假分式」、「一個名為拈的遊戲」、「規律的覺察與數學的學習」、「再談數學教材中的規律」、「數學歸納法」就是這樣出來的。

　　一九八四年，筆者長子旭恆，繼同事兼鄰居楊維哲之子柏因之後，就讀於台北市和平國中（現已改為完全中學）數學資優班。筆者也被迫援楊維哲之前例，成為該校之社會資源，替該班學生上數學正課之外的數學解題活動

課。

要找尋適合他們的教材，並不是件單純的事。所以課後若有餘力，就將這些數學解題活動的教材寫成文章，「舖地磚求規律」、「圖案中的一些規律」、「一筆畫的規律」、「數學謎題與規律的尋求」、「數學中的『可能』和『不可能』」都是這樣完成的。「七七巧會」則是應學生的要求找出來讓這班學生回家習做的題目，由於題目稍難，只好在課堂上再加講解，然後寫出來。

這些文章的共同特點，皆在展現數學處理問題時「找規律」的特質，所以書名取為「規律的尋求」。事實上，找出題目中材料的規律，是所有解題的關鍵——找到規律，問題方能逢刃而解；找不到規律，就束手無策。因此，每道題的解題規律又被稱為該題目的「魔（術按）鈕」。

在我們目前「急功近利」的社會中，許多人（包含教師、學生和他們的家長）都以為數學的學習要點，在於知道解每道題的魔鈕。記住了許多題目的魔鈕後，學生確實增進了不少「知識」，考題中若有這些題目時，他們會佔到不少便宜。但是，數學題目千變萬化，學生記不勝記，所以，記憶絕不是學習數學的最好方法。

學習數學最好的方法，莫過於培養解題能力，而學會如何在題目中找尋規律，就是培養解題能力之良好策略。本書的目的，就在展示不同型態的問題（最好是中學生不熟悉的非例行題）中，如何想辦法找規律。讀者最好一邊讀一邊自行用紙筆操演效果才會高，千萬不要把本書當作小說看，否則效果就會降低了許多。

一些朋友幫我校對此書，並指出了一些錯誤，有些還幫我寫序，特此一併致謝。

黃敏晃

目　錄

第一篇　舖地磚求規律

　　數學所追求的目標之一，與其他自然科學一樣，是想在千變萬化的事物中，找出一些規律，使我們能探討事物變化的一些模式，進而預測將來的變化。當然，各門學科所研究的素材不同，研究的方式與方向就很不一樣。讓我們舉例說明如下：

　　㈠化學討論的素材是物質之化學變化的現象，如鐵在空氣中會氧化而生鏽，所以研究的方向是：在哪些條件下，哪些物質會起什麼化學變化，並且探討為什麼會這樣變化的原因。

　　㈡物理討論的素材是物質之物理變化的現象，如水的結冰或沸騰，所以研究的方向是：在哪些條件下，哪些物質會起些怎樣的物理變化，並且追究其原因。

　　㈢數學討論的素材是數量與圖形，研究哪些數量與圖形，在什麼條件下，會產生什麼樣的關係（甲數量和乙數量之間，或甲圖形和乙圖形之間，或甲圖形和乙數量之間）。

　　由此看來，各學科所討論的現象（即素材）也許不盡相同，但追求的目標則是一致的，即變化的規律。下面，我們先以簡單的例子說明，在數學中我們如何尋找規律。

【例1】 **某泥水匠在房子的門口舖設地磚時，習慣先舖一列紅磚，然後在外面圍以白磚，如下圖所示（圖中帶斜線者表示紅磚）：**

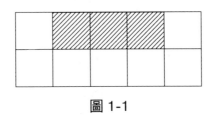

圖 1-1

在上圖中，紅磚3塊，白磚7塊，共10塊。如果地磚較窄，或舖地磚的地方增長，則使用的磚塊就會增加。但假設此泥水匠舖地磚的習慣保持一定，則他舖出來的地磚圖案總是一致的。下圖就是他在另一處所舖地磚的圖案，用了5塊紅的，9塊白的，共14塊地磚。

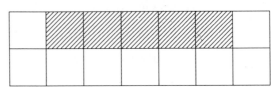

圖 1-2

如果紅磚的數目任意增加，我們如何算出白磚數目，與總共用去的磚塊數目呢？譬如說，假設他用了200塊紅

磚，那麼他要用多少塊白磚？總共要用多少塊地磚？

　　如果數目不是很大時，每個人都會把圖畫出來，然後加以點算。但 200 這個數目太大，畫圖很費事。即使要畫圖，也只能畫如下的示意圖：

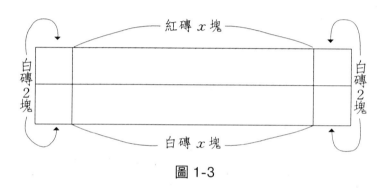

圖 1-3

　　由上面的示意圖可以看出，假設他在上列舖了 x 塊紅磚，則在下列也要用 x 塊白磚，另外在邊上還得加上 4 塊白磚。所以，如果他用了 x 塊紅磚，y 塊白磚，則 x 與 y 這兩個數量之間，就有下列的關係：

$$y＝x＋4$$

由這個關係式，我們並不用把具體的圖畫出來，就可算出，當 x＝200 時，y＝204，共用了 404 塊地磚：

$$x＋y＝200＋204＝404$$

【例2】 這裡舉另一位泥水匠所舖設的地磚圖案，作爲討論的對象，他舖設的地磚圖案都帶著紅十字，如下：

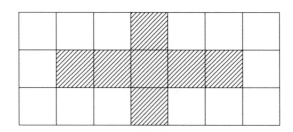

圖 1-4

在此圖中，紅磚用了 7 塊，白磚用了 14 塊。同樣的，如果地磚較窄，或舖地磚的地方增長，此泥水匠舖地磚的習慣，也還保持一定，如下圖所示，他用 9 塊紅磚，18 塊白磚舖出類似的圖案。

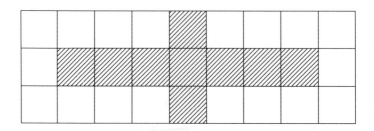

圖 1-5

　　這種圖案的規律是怎樣的呢？在上面的兩個案例中，白磚的數目都是紅磚數目的兩倍，這兩種數量的關係能夠保持嗎？

　　有位同學指出，由下圖的分析不難看到：假設用了 x 塊紅磚，y 塊白磚，則 x 與 y 的關係是 $y＝2x$，共用去了 $x＋y＝x＋2x＝3x$ 塊地磚。

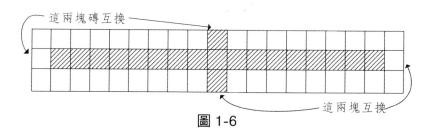

圖 1-6

　　現在假定你自己是一個習慣固定的泥水匠，只用紅、白兩色的磚塊，設計一個長方形的地磚圖案。請畫兩個以上的圖，使人能看出你的習慣。然後再計算地磚的數目，嘗試找出圖案和計算紅、白磚塊數目和總磚塊數目之間關係的規律。

【例3】在和平國中一年級資優班學生的作品中，筆者當場選了兩張設計圖，作為計算磚塊數目規律的實例。其中一份設計圖如下頁的兩個圖所示（為了標示出規律，最起碼

需要兩個圖以上，才看得出來。所以，筆者要求學生作
設計圖時至少要畫兩個圖以上）：列數為 3 和 4。

(1)　3 列圖

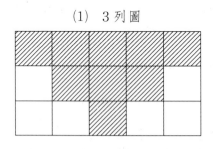

(2)　4 列圖

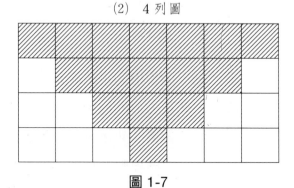

圖 1-7

由於設計圖案的同學自己找不出計算磚塊的規律，所
以改由全班一起討論。為了便於尋找規律，我們在黑板上
加畫了如下頁的兩圖：列數為 5 和 6。

(3)　5 列圖

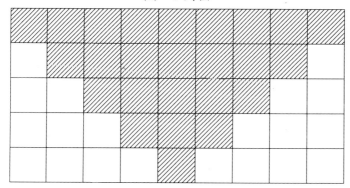

(4)　6 列圖

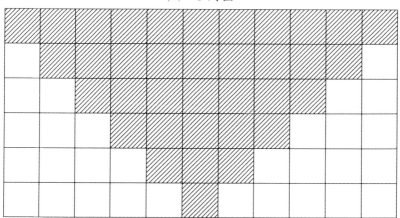

圖 1-8

　　我們一起點算了這四個圖中紅、白磚塊的數目，並將
這些數目列表如下頁的樣子：

圖號	(1)	(2)	(3)	(4)
紅磚	9	16	25	36
白磚	6	12	20	30

不難看到，紅磚的數目都是平方數。但是，為什麼呢？我們可不可以找到什麼理由來解釋呢？

有位同學指出，在這些圖中，把一部分的紅磚和白磚適當的互換後，紅磚剛好可以湊成正方形：如下圖 3 列圖所示，將粗線框住的部分互換。

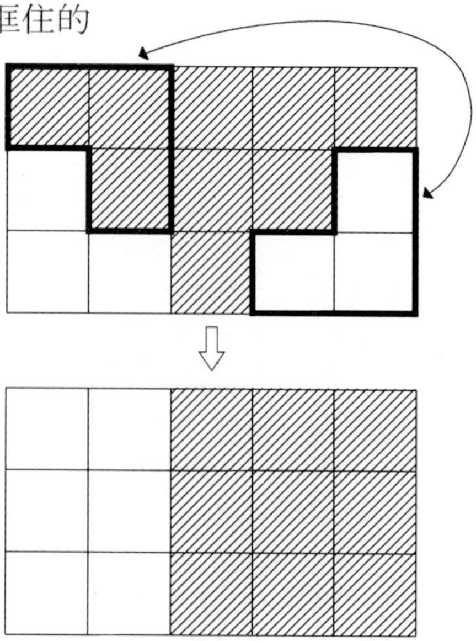

圖 1-9

由此觀察，我們可以清楚的看出，為什麼紅磚塊的數目一定會是平方數。對不同列數的圖，作相同的運作，是

否都能使紅磚擺成正方形呢？請讀者試試。

　　上頁表中所列的計算結果，與上述的觀察，雖然不能直接看出計算的規律，但卻是很有趣的結果。

　　這個圖案的規律並不是很直接單純的。數學裏兩個數量間最單純的關係有兩種，一種是差一定，如父子的年齡或例 1 的情形；另一種則為商一定，如例 2 那樣成正比例的兩個數量。但這些圖案中的紅、白磚塊數目，並沒有上述那樣單純的關係。沒有單純的關係，並不就是沒有關係，問題是要怎樣找出這個比較複雜的關係。

　　這些圖案中的規律是數學中要換自變數的典型例子。怎樣找出這個新的自變數？筆者叫學生把上頁表中的紅磚數減去同行中的白磚數，問得到的數，與相應的圖案有什麼關係？得到的答案是列數。

　　現在我們把上頁表中加上列數，如下表所示，我們就比較容易看出一些關係了：

圖號	(1)	(2)	(3)	(4)
列數	3	4	5	6
紅磚	$3^2=9$	$4^2=16$	$5^2=25$	$6^2=36$
白磚	$3\times2=6$	$4\times3=12$	$5\times4=20$	$6\times5=30$

把列數 x 當作新的自變數，則紅白磚塊的數目與磚塊總數，都可以表達 x 的單純式子

$$紅磚＝（列數）^2＝x^2$$

$$白磚＝（列數）（列數－1）＝x^2－x$$

$$總數＝2x^2－x$$

由這個規律，若我們知道了一圖案的列數，則紅磚數目、白磚數目，及地磚總數，都立刻可以算出。

【例4】 筆者選出的另一張圖案設計則比較複雜，我叫這位同學在黑板上先畫了數目最小（n 依次為 1，2，3，4）的 4 個圖案，如下面和下頁的圖 1-10 所示。再叫同學們計算各圖案中紅、白磚的個數，一併把這些結果列在下表中，然後觀察、討論，看看是否能找到一些規律。

圖號	(1)	(2)	(3)	(4)
紅磚	5	15	35	69
白磚	10	30	70	138

n＝1　　(1)

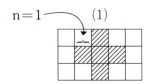

n＝2　　　(2)

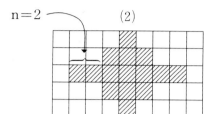

n＝3　　　(3)

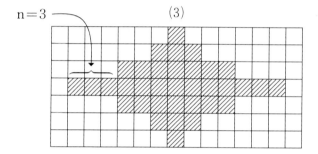

n＝4　　　(4)

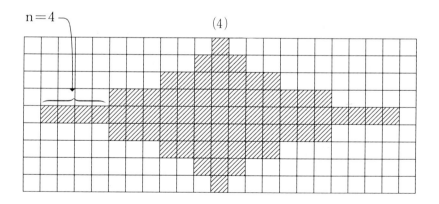

圖 1-10

　　由上表我們看出，白磚數目是紅磚數目的 2 倍。但為什麼這個關係會對磚數更多時的同型圖案都成立？我們應該找出原因來解釋。因為在數學裏，我們不能憑著對幾個圖案的觀察，就妄下斷言。

　　我們嘗試著仿照上面幾個例子，用互換一些紅、白磚塊的方式來解釋，但只能做到下列的樣子：因為每個圖案中左右、上下都是對稱的，而我們要說明的是白磚數目為紅磚數目的 2 倍，故只要使紅磚與右（或左、或上、或下）邊的白磚一樣多就好了。這件事，我們對上述的 4 個圖案都可個別做到（讀者不妨自己做做看），但找不出一致的互換規律。

　　單純的方法既然無法採用，只好再度採取換自變數的方法。在這個例子裏，我們能控制的自變數是什麼？照一般道理說，列數與行數是最自然的候選者，所以我們把列數與行數做成下表：

圖號	(1)	(2)	(3)	(4)
列數	3	5	7	9
行數	5	9	15	23

　　列數與行數之間又有什麼關係呢？從上表中實在看不出什麼，只好回到圖上去觀察。從圖案(1)至(4)，看出列數與行數的增加情形如下：

圖號	(1)	(2)	(3)	(4)
列數	1＋2×1	1＋2×2	1＋2×3	1＋2×4
行數	3＋2×1	3＋2(1＋2)	3＋2(1＋2＋3)	3＋2(1＋2＋3＋4)

　　由此看出，最好的自變數其實就是圖號，設圖號為 n，則有下列的關係：

$$列數＝2n＋1$$
$$行數＝3＋2（1＋2＋\cdots\cdots＋n）$$

利用公式 $1＋2＋\cdots\cdots＋n＝\dfrac{n（n＋1）}{2}$（註1），我們可以把行數改寫成下列的形式：

$$\begin{aligned} 行數 &＝3＋2（1＋2＋\cdots\cdots＋n）\\ &＝3＋2×\dfrac{n（n＋1）}{2}\\ &＝n^2＋n＋3 \end{aligned}$$

　　知道了列數與行數的計算式之後，我們就能很容易的

算出總磚塊數如下（紅磚 x 塊，白磚 y 塊）：

$$x+y=（列數）×（行數）$$
$$=（2n+1）（n^2+n+3）$$
$$=2n^3+3n^2+7n+3$$

我們要證實的關係是白磚數目為紅磚數目的 2 倍，或總磚塊數目是紅磚數目的 3 倍。所以剩下來的只要算出紅磚數目了。

其實，課進行到這裏，大部分的學生已經完全不懂了。因為這些計算牽涉到式子的運算，而國一的學生，即使是資優班，缺乏這方面的訓練就是不行。但班上還有兩位學生聽得懂，於是繼續進行下去。我們觀察出從第一列到最中間一列，紅磚數目的情形如下

1，1+2×1，1+2（1+2），1+2（1+2+3），………，1+2（1+2+3+……+n）

因此，紅磚的數目 x 可以寫成下列的式子（圖號為 n）：

$$x=2×1+2〔1+2×1〕+2〔1+2（1+2）〕$$
$$+2〔1+2（1+2+3）〕+……$$
$$+2〔1+2（1+2+3……+n-1）〕$$
$$+〔1+2（1+2+3……+n）〕$$

$$=2n+1+2（1+2+3+\cdots\cdots+n）$$
$$+4〔1+（1+2）+（1+2+3）+\cdots\cdots$$
$$+（1+2+3+\cdots\cdots+\overline{n-1}）〕$$

$$=2n+1+2\times\frac{n（n+1）}{2}+4\times\sum_{i=1}^{n-1}\frac{i（i+1）}{2}$$

$$=2n+1+n（n+1）+2（\sum_{i=1}^{n-1}i^2+\sum_{i=1}^{n-1}i）$$

$$=n^2+3n+1+2\times\frac{(n-1)n}{2}+2\times\frac{(n-1)n(2n-1)}{6}$$

$$=\frac{2}{3}n^3+n^2+\frac{7}{3}n+1$$

　　在倒數第二個等號中，我們利用了由 1 開始的 n 個連續數的平方和的公式（註 2）如下：

$$1^2+2^2+3^2+\cdots\cdots+n^2=\frac{n（n+1）（2n+1）}{6}$$

　　國一的學生當然不知道這樣的公式，連高一的學生也要特別證明，所以這個例子選得很不適當。但筆者是在課堂上由學生設計的圖案中，臨時起意選出的，無法在選圖時，作嚴密的考慮，只覺得這個圖案的設計新穎，規律性也很清楚，規律一定也不難找，沒想到是如此複雜，可見「圖不可貌相」。但既然已經進行到這裏，只好硬著頭皮

解釋這個等式是由數學歸納法得到的。當然，到了這裏，連班上原來還聽得懂的兩位同學也聽不懂了。但下面的計算，一些同學又聽懂了：

$$x+y=2n^3+3n^2+7n+3$$
$$x=\frac{2}{3}n^3+n^2+\frac{7}{3}n+1$$

所以 $x+y=3x$，$y=2x$，由此得到了白磚數目是紅磚數目的 2 倍。

這是筆者於民國七十三學年上學期，在臺北市和平國中一年級數學資優班所講授的數學補充教材的一部分。

本文原刊載於科學教育月刊第 77 期；p.34～41，國立臺灣師範大學科學教育中心發行，1985 年 2 月出版。

附註

註 1：$1+2+\cdots\cdots+n=\dfrac{n(n+1)}{2}$ 要另外敎，不然國一的學生不一定知道。最簡單的方法是將原式顛倒相加，如下（這種方法在下一篇文章中也會用到）

令 $S=1+2+\cdots\cdots+(n-1)+n$

$$\underline{S=n+(n-1)+\cdots\cdots+2+1\quad(+}$$

$$2S=(1+n)+[2+(n-1)]+\cdots\cdots+[(n-1)+2]+(n+1)$$

$$=n(n+1)$$

所以 $S=\dfrac{n(n+1)}{2}$

有興趣的讀者，可參考作者寫的另一本書「數學年夜飯」（心理出版社，1998 年 3 月）的第十二篇文章「故事・英雄與數學的學習」中有關數學王子高斯的童年故事（p.207 起）。

註 2：高中的數學課本有關「數學歸納法」的章節中，都會提到這個結果。本書的第八篇文章也討論到數學歸納法，但並未將此結果列為例題，讀者可以在讀過該章之後，將此結果作為練習，加以證明。

第二篇　圖案中的一些規律

上篇所談都是紅、白磚塊數目的規律，這次讓我們換換口味，研究清一色圖案中的規律。我們先由下列簡單的例子開始討論。

【例1】下圖是由許多小的正三角形堆砌出來的圖案，你知道它是怎樣堆成的嗎？如果你手頭沒有小的正三角形圖板，你能畫出下圖嗎？

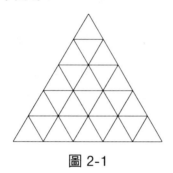

圖 2-1

如果你用小的正三角形圖板來堆砌，那麼，堆砌的步驟如下：每次都得要求相鄰的兩個小正三角形相接的兩邊對齊，圖案才能堆得好，如下頁的圖 2-2 所示。

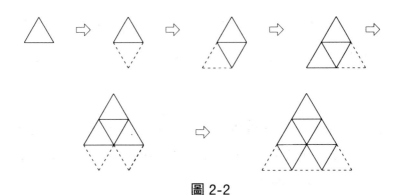

圖 2-2

　　如果你是用畫的，則要先畫一個 60° 的角，在此角的兩邊上選好固定的長度（譬如說 1 公分），打上點之後再作連線，連線上也按上述的長度打上點，再作連線，如下圖 2-3 所示。

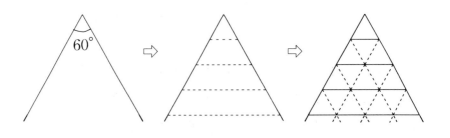

圖 2-3

我們的問題不是怎樣畫這個圖案，而是要算這個圖案是由幾個小三角形堆成的。每一層有幾個？合起來又有幾個？我們要找到一些規律，使我們不用去實地堆砌或畫出來，並且不用一個個點算，就知道 100 層的圖案中，每一層的小三角形個數，以及全部的三角形個數。你能找出規律嗎？

首先我們把每一層的三角形數目記錄下來，放在一個表內，如下所示：

層數	小三角形個數
1	1　　　$1 = 2 \times 1 - 1$
2	3　　　$3 = 2 \times 2 - 1$
3	5　　　$5 = 2 \times 3 - 1$
4	7　　　$7 = 2 \times 4 - 1$
5	9　　　$9 = 2 \times 5 - 1$
⋮	⋮

列出來的各層三角形數目都是 2×（層數）－1 的型態，但是在很多層時是否也這樣呢？

　　有位同學指出，如果在每一層的右邊加一個大小相同的三角形，如圖 2-4 所示，就可以湊成由兩個三角形拼成的菱形，各層的菱形數目分別是 1，2，3，4，……，所以上述的規律是正確的。

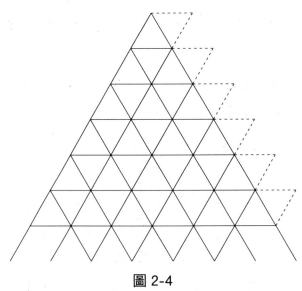

圖 2-4

　　由上述規律知道，當層數為 100 時，該層的三角形個數為 $2 \times 100 - 1 = 199$。

　　那麼，由第 1 層到第 100 層，共有多少個小的正三角形呢？其數目 S 可以表達成下式的樣子，但 S 是多少，應該怎樣算呢？

$$S = 1 + 3 + 5 + \cdots\cdots + 195 + 197 + 199$$

有同學提議把上面 S 中的各項倒寫，再將兩式相加如下：

$$S = 1 + 3 + 5 + \cdots\cdots + 195 + 197 + 199$$
$$+\,)\ S = 199 + 197 + 195 + \cdots\cdots + 5 + 3 + 1$$
$$2S = 200 + 200 + 200 + \cdots\cdots + 200 + 200 + 200$$

共 100 項

所以 2S＝200×100，S＝10000（請參看上篇文章的註1）。由上述的規律計算，利用一些計算技巧，就可以把三角形的數目算出來，而不用實際動手去堆砌、畫，或是點算了。

【例2】下圖是由 3 行 3 列，共 9 個小正方形湊成的正方形。小正方形的數目沒什麼好算，所以我們改變成計算各種大小正方形的數目。你會算嗎？

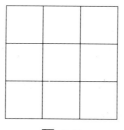

圖 2-5

首先注意到，上面圖案中有下列三類大小的正方形，我們也許可以暫時稱之為小的、中的和大的正方形。

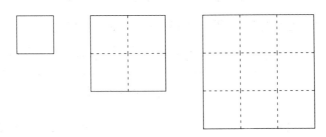

圖 2-6

當我們看中的正方形時，要忽視其中的線（如上圖中的虛線），而只看其外框，所以只要外框構成一個正方形就可以了。

現在讓我們來計算正方形的數目。最小的正方形有 9 個，大的正方形只有 1 個，沒問題，大家都一目了然。中的正方形呢？好，有人說有 4 個，其他人呢？是 4 個嗎？請這位同學上臺指出來有哪 4 個。

由於用手指來指去，別人並不見得能看清楚，而且到底有沒有重複點算不很確定，所以我們要想出方法，清楚地表達出來。數學裏要求，不但要自己清楚，還要讓別人也清楚，這樣才有溝通的誠意。

　　要想把正方形的數目清楚地表達出來，最好是在圖形上做記號，但如何做呢？又該做在哪裏？想想看，試試看，和同學討論一下，怎麼做較好？

　　有人說，每個正方形都有四個頂點，依其位置可分為左上、左下、右上與右下，而且某大小的正方形的其中一個頂點固定時，這個正方形就固定了。我們可以利用這個事實，固定其左上頂點來表達。例如，在下圖 2-7 中打**圈**的頂點，表示用斜線畫出的中正方形。

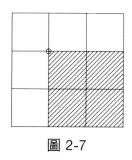

圖 2-7

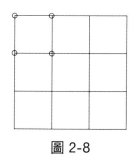

圖 2-8

　　這樣，圖 2-5 中的中正方形，就可用如上圖 2-8 中的 4 個小圓圈表示出來。每一個小圓圈代表哪一個正方形，你知道嗎？這樣的表達方法是不是比用手指出來要清楚得多呢？

利用上述的表達法，我們可以把圖 2-5 中各類正方形的數目分別表達在下面，如下圖所示。所以，正方形的個數共有 $1+4+9=14$ 個。

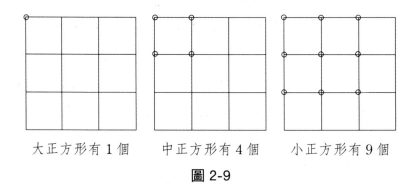

大正方形有 1 個　　中正方形有 4 個　　小正方形有 9 個

圖 2-9

題目雖然已經做出來了，但我們想檢討一下解題時分類的方法。在圖 2-5 中，我們把正方形分成大、中、小三類是不錯的，但是如果我們把圖形加大，變成 5 行 5 列共 25 個小正方形所湊成的大正方形時，我們怎樣分類呢？

有人說用最大、次大、中、次小、最小來分，這樣是不是可以？大家如果同意，我們當然可以這樣分類，但是如果要你們算的是 10 行 10 列的圖形，那又該如何分類？

由此可見，上述分類時的名稱並不恰當。最好的分類名稱是用其邊長，分成邊長為 1 個單位的、2 個單位的…

…等。如此，不管你把圖形變成多少行多少列，分類的方式都可以「以不變應萬變」、「處變不驚」了。

　　好，下面請各位把5行5列小正方形所組成的大正方形（如圖2-10）中的各類正方形數目，用圖形表達出來，再計算。

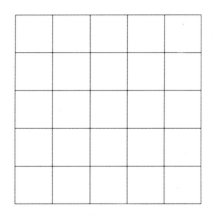

圖 2-10

　　怎樣分類？分成邊長為5，4，3，2，1等五類正方形。怎樣表達？用小圓圈。記號做在哪裏？左上角。放在同一個圖內嗎？不是，應該每類一個圖。表達出來的情形如下頁的圖2-11。1＋4＋9＋16＋25＝55，所以，圖2-10中的正方形個數為55。

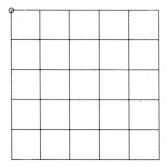

邊長 5 的正方形有 1 個

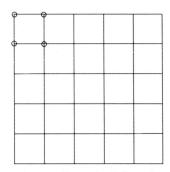

邊長 4 的正方形有 4 個

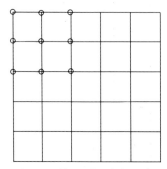

邊長 3 的正方形有 9 個

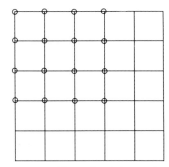

邊長 2 的正方形有 16 個

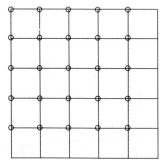

邊長 1 的正方形有 25 個

圖 2-11

如果我們想要計算的圖形是由 20 行 20 列個小正方形組成的大正方形，怎麼算？好，算法大家都知道，但覺得畫圖太煩，是不是？那就想想看，在我們上述圖形的計算中，有沒有規律可循？如果循這個規律計算，還需不需要畫圖？

很好，有人指出我們最後計算式中的各項，都是平方數，而且都由 1 的平方一直加到列數的平方。這個規律對不對？我們是否可以從圖形中得到印證？

由於最大的正方形，邊長等於列數，也等於行數，所以只有 1 個；而邊長為（列數）－1 的正方形，其左上角的位置，最下只能到第 2 列，最右只能到第 2 行，所以有 4 個；……；如此往下推，就得到下列的計算式：設行數與列數都為 n，則此大正方形中的正方形數目為

$$S = 1^2 + 2^2 + 3^2 + \cdots\cdots + n^2$$

這個 S 是多少呢？我們可以利用上次講過（見本書 p. 17），而未加以證明的等式來求和，得到

$$S = \frac{n(n+1)(2n+1)}{6}$$

讓我們驗證一下，n＝3 時，S 是不是等於 14？n＝5 時，S 是不是等於 55？

$$\frac{3(3+1)(2\times3+1)}{6}=\frac{3\times4\times7}{6}=14$$

$$\frac{5(5+1)(2\times5+1)}{6}=\frac{5\times6\times11}{6}=55$$

如果 n 為 20，那麼 S 是多少呢？由下列計算知道

$$\frac{20(20+1)(2\times20+1)}{6}=\frac{20\times21\times41}{6}=2870$$

這樣我們不用畫圖，就能計算出其個數為 2870 個了。

【例3】現在我們把圖形改成由 6 列 10 行共 60 個小正方形組成
　　　的大長方形，如圖 2-12 所示。要計算這個圖形中，共有
　　　幾個正方形，怎樣計算？

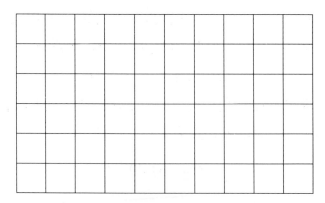

圖 2-12

　　由於這個圖形很大，畫起圖來太煩太多，不如先把這個圖中的行數、列數都減少，做一個比較簡單的例子，再看看是否可找出計算的規律（這叫做簡化問題求規律的方法）。下面，我們改做 3 列 5 行的情形，如下圖所示。

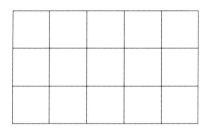

圖 2-13

　　這個圖形有幾類正方形？最大的正方形邊長為多少？因為只有 3 列，所以最大的正方形邊長為 3。有三類正方形：邊長為 3、2、1。

　　仿照上例的方式，把每一類正方形的數目用一個圖來表達，每一個正方形由它左上角的小圓圈來表示。我們得到下列的三個圖，如下頁的圖 2-14 所示。所以，正方形的數目可以由下列式子計算出來：

$$5 \times 3 + (5-1)(3-1) + (5-2)(3-2)$$
$$= 15 + 8 + 3 = 26$$

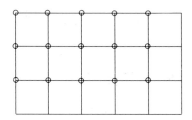

邊長為 1 的正方形數目為

$5 \times 3 = 15$ 個

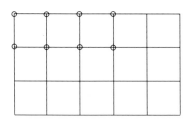

邊長為 2 的正方形數目為

$4 \times 2 = (5-1) \times (3-1) = 8$ 個

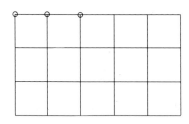

邊長為 3 的正方形數目為

$3 \times 1 = (5-2) \times (3-2) = 3$ 個

圖 2-14

這個計算式中有什麼規律？而這些規律是否又可以從圖上得到印證？

不難看到，在這個算式中的第一項是邊長為 1 的正方形數目，為行數乘上列數；第二項是邊長為 2 的正方形數

目，為行數減去 1 乘上列數減去 1；如此往下推，一直到
行數或列數中的一個變成 1 為止。

　　由此得到了一般的規律如下：如果行數為 n，列數為
m，而 m≦n，則正方形的數目為：

S＝n×m＋(n−1)(m−1)＋(n−2)(m−2)＋……

　　　＋(n−m＋1)×1 ───────────── (1)

所以，當 n＝10，m＝6 時

S＝10×6＋(10−1)(6−1)＋(10−2)(6−2)＋

　　(10−3)(6−3)＋(10−4)(6−4)＋(10−5)(6−5)

　＝60＋45＋32＋21＋12＋5

　＝175

　　請注意，這裏所得到的計算式(1)式，可以涵蓋例 2 中
的計算式，即這裏如果是行數與列數一樣時，式子就變成
例 2 中的計算式了。

　　如果把問題一般化，即設問題中的長方形是由 n 行
m 列個小正方形所組成，其中 n＞m，你能列式求出正方
形的數目嗎？顯然，如上面的(1)式那樣，是無法計算的。
比較好的方法，是將 n−m＝k 當作參數，把(1)式倒過來
改寫如下式，就可求出總數 S 了：

$$S=1（1+k）+2（2+k）+3（3+k）+\cdots\cdots$$
$$+m（m+k）$$

$$=1^2+2^2+3^2+\cdots\cdots+m^2+k（1+2+3+\cdots\cdots+m）$$

$$=\frac{m}{6}(m+1)(2m+1)+\frac{km（m+1）}{2}$$

$$=\frac{m}{6}(m+1)(2m+1)+\frac{（n-m）m（m+1）}{2}$$

【例4】現在我們把一個長方形的圖中，挖一個洞，變成下圖
2-15 的樣子。這個圖形中有多少正方形？怎樣計算？

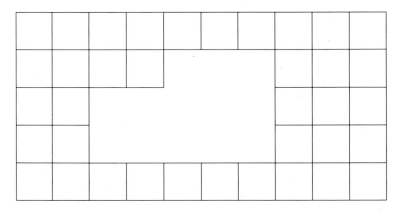

圖 2-15

這樣的問題很難有明確的計算規律。這時，我們就應
該回到最原始的方式上考慮：首先分類，其次表達，然後
才計算。

在這個圖形中，最大的正方形邊長是多少？為 3，所以有三類正方形，表達計算如圖 2-16 所示。

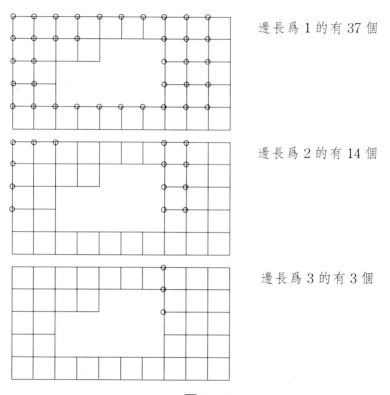

邊長為 1 的有 37 個

邊長為 2 的有 14 個

邊長為 3 的有 3 個

圖 2-16

由上述的圖示與點算（除了一個一個點算外，有其他巧妙的方法嗎？）得知圖 2-15 中各種正方形的數目共有 37＋14＋3＝54 個。

　　由這個例子可以看到，愈是規律性不明確的問題，解題時我們愈要用到原始的笨方法。可見原始的笨方法威力較大，也就是說，可用來解決的問題也較多。所以，我們學數學，不能只學巧妙的方法，比較原始的方法應該優先學到手，然後才去學比較巧妙的方法。

　　下面，我希望大家回到最初開始的圖 2-1，利用我們剛才在幾個例子中學到的方法，計算圖 2-1 中有多少個大大小小的正三角形？請注意，我們要的是計算的規律，不只是計算的結果。

　　在這個問題中，另外需要注意的是，不能只算正立的三角形，還得計算倒立的三角形，如圖 2-17 所示。表達時可以用小圓圈代表正立的三角形，而小正方框表示倒立的三角形。

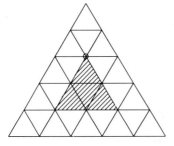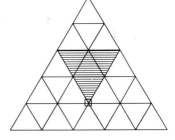

圖 2-17

下面還有一些圖形，要你們計算其中各有多少個正三角形（圖 2-18）？

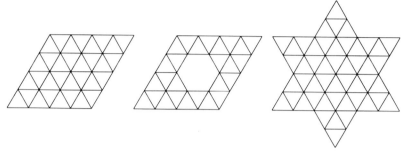

圖 2-18

這是筆者於民國七十三學年上學期，在臺北市和平國中一年級數學資優班所講授的數學補充教材的一部分。本文原刊載於科學教育月刊第 78 期；p.53～63，國立臺灣師範大學科學教育中心發行，1985 年 3 月出版。

第二篇　一筆畫的規律

　　數學這個名詞裏帶著「數」這個字，大家顧名思義，都以為數學的題材一定與數數有關係。但在數學裏，我們並不盡是在數數目，我們也有不數數的時候。今天我們要談的題材，雖然與數數有關，但是數數只是手段，我們要尋求的最終目的，與數目並沒有多大的關聯。

　　讓我先講一段與數學有關的故事：十八世紀的時候，東普魯士（現代德國的前身）的柯尼斯堡（Königsberg，此市現在屬於緊鄰波羅的海之立陶宛國境內，名稱改為Kaliningrad）位於新舊普雷哥河（Pregel River）的交匯處，河中由沖積土形成了一個島，所以整個城市被河分割成四塊。當地的人為了交通的方便，就建了七座橋（目前已增加了許多橋）來聯絡，如下圖所示。

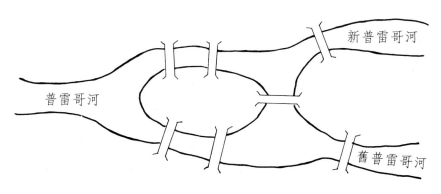

圖 3-1

　　當時，柯尼斯堡的居民喜歡散步，有些人散步時一定要走遍這七座橋才肯回家。但他們發現，若要過每座橋，則有些橋一定得過兩次以上。於是這些散步狂在聊天的時候，就熱中於討論下列的難題：

　　一個散步者要怎樣才能走遍這七座橋，而且每座橋只過一次，最後又回到出發點？當時，沒有人認為這是個數學問題。因為，此問題的答案只有「可能」與「不可能」兩種（是非題），而且好像可以靠實驗來證實。

　　由於這些散步狂熱烈地討論與實驗（有了這個藉口，更是可以每天散步好幾回了），這個問題慢慢的在歐洲流行了起來。當時還年輕的瑞士數學家尤拉（L. Euler, 1707～1783）聽到了這個問題後，判定這是個數學問題。後來他寫了一篇數學論文，專門討論這個問題。他在這篇論文的最開始寫道：

　　「幾何是討論物體的大小、形狀與其相互間的相對位置的學問。討論大小與形狀的幾何學，一直是數學家熱心研究的對象。但萊布尼茲（G. W. von Leibniz, 1646～1716）提過幾何學的一分支，叫做**位相幾何學**。這門幾何學的分支只研究物體相互間的相對位置關係，而不去考慮物體的大小與形狀，因此也不涉及量的計算。由於至今未有令

人滿意的定義，來具體刻劃位相幾何學的課題與方法，所以這門分支幾乎沒有被深入探索過。

近來流傳著一個"柯尼斯堡的七座橋"的問題，它應該是一個幾何問題。由於問題不在求物體的大小與形狀，也不能用量的計算來解決，所以我毫不猶豫地把它歸入位相幾何學。我認為要解答這個問題，只需考慮到點與線的相互位置關係就足夠了，……」

尤拉論文中所提到的位相幾何學，現在流行的名稱是**拓撲學**（topology），而七座橋的問題則屬於此分支中之「一筆畫」問題。下面，我們所要談的就是「一筆畫」的問題。

首先，尤拉把圖 3-1 上河中的島當作一點 A，河的北邊當作一點 C，河的南邊當作一點 D，河的東邊（即新舊普雷哥河之間）當作一點 B，並把聯絡各地的每座橋當作一條線。如此，圖 3-1 就簡化成下圖 3-2。

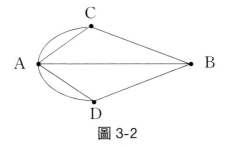

圖 3-2

　　像這樣由有限個點與有限條弧線（弧線也包含直線在內）所組成的圖形叫做**網路**（network），一條弧線的端點，或兩條弧線的交點都叫做網路頂點（在網路圖中用大圓點表示）。圖3-5（見46、47頁）中我們列了許多網路。

　　由一個網路的某一頂點 A，沿著網路中的弧線走，到達另一頂點 B，而不重複走任一條弧線時，這種走法叫做由 A 點到 B 點的一條**路線**（path），A 是此路線的始點，B 是終點。例如，圖 3-3 所示就是圖 3-2 的網路中，由 A 點到 B 點的兩條路線（由圖中的粗線與箭頭所示）：

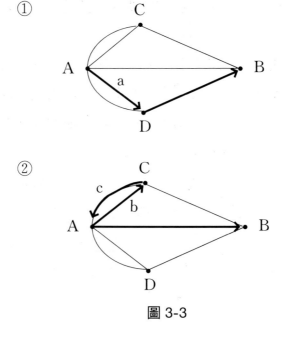

圖 3-3

一條路線的記法，我們有時只把它的各頂點按順序記下來即可。例如，圖 3-4 的網路中由粗黑線與箭頭所顯示的路線，可記成 ABD。有時兩頂點間有兩條以上的弧線相連，上述的記法就會有所混淆，所以用另外的記號把弧線標明。譬如說，圖 3-3 之①中的路線可記成 AaDB，而圖 3-3 之②中的路線，則記成 AbCcAB。

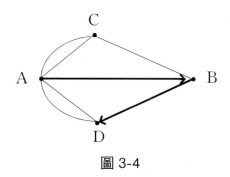

圖 3-4

不難看到，一個網路中的一條路線是可以由一筆畫成的。這裏所謂「**一筆畫成**」是指筆不離紙，而且**每條弧線只畫一次，不准重複**。所以，平面上的一個圖形是否可以由一筆畫成的「一筆畫」的問題，就變成了下列的形式：

這個網路（把此圖形看成為一個網路）中，是否可設計出一條路線，使這條路線可用到此網路中的每一條弧線？

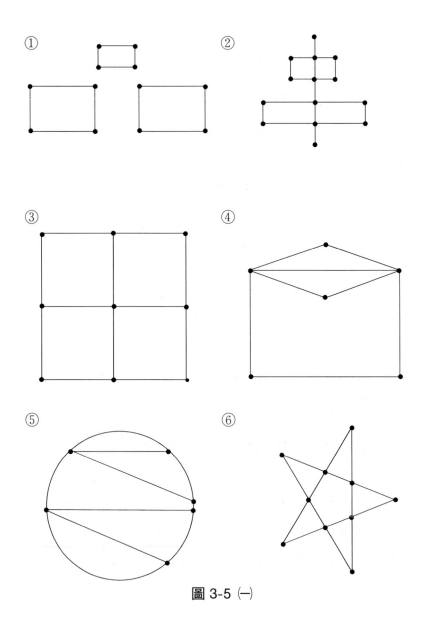

圖 3-5 (一)

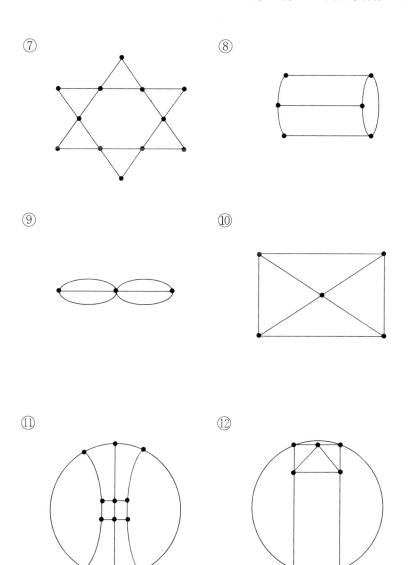

圖 3-5 (二)

這裏，我們還得介紹網路**不連通**（ disconnected ）的概念。當我們對一個網路中的任意兩個頂點 A 與 B，都可以找到一條以 A 為始點，而 B 為終點的路線時，我們說這個網路是**連通的**（ connected ）；反過來說，如果一個網路中的某一點，不能由路線連通到另一點時，此網路就是不連通的。例如，圖 3-5 中的圖①是不連通的，而其他的網路都是連通的。

顯然，一個不連通的網路不能夠由一筆畫成；反過來說，可以由一筆畫成的網路，一定是連通的。

下面，我們請各位讀者實際操作，自己畫畫看，看看圖 3-5 中哪些網路可以由一筆畫成，哪些不能，把實驗的結果，在下表中用打○（ 表示可以 ）或打×（ 表示不可以 ）的方式表達出來，圖①當然就不用再試了。

表 3-1

圖號	②	③	④	⑤	⑥	⑦	⑧	⑨	⑩	⑪	⑫
○或×											

現在我們核對一下結果，如果你的結果與表 3-2（ 見 51 頁 ）最下面那行所附的答案不符，就要請你再試畫看

看結果不符的圖號中的網路。如果你的結果完全相符，你就可以繼續閱讀下去。

一個圖形（或網路）能不能由一筆畫成的關鍵到底在哪裏？當然，此網路中的每條弧線一定得畫到，而且只能畫一遍，這是充分與必要的條件。但是，怎樣畫（或設計路線）才能滿足這個條件？

在數學的研究中，如果所要滿足的條件，不能由我們正在討論的事物直接得到時，我們一定要找補助的事物幫忙。在我們的問題中，我們的條件直接牽涉到的是弧線。但一個圖形（或網路）中，除了弧線以外，還有什麼？

我們從小學就學到，三角形與四邊形的構成要素，是邊與頂點：三角形是由三個邊、三個頂點所構成；四邊形是由四個邊與四個頂點所構成，如圖 3-6 所示。

圖 3-6

同樣地，一個網路也不只是由一些弧線所構成。兩弧線連接之處，或一弧線的端點，就是頂點。換句話說，頂點也是構成網路的重要部分。由此看來，在這個問題中所要尋找的補助事物應該是頂點。

現在讓我們把注意力集中在網路的頂點。在以上各圖的網路中有許多頂點，這些頂點有沒有不同的地方？還是每個頂點都一模一樣？

若把一個頂點看成車站，弧線看成不同的公車路線，那許多頂點就有些不同：有些只是一種公車路線（弧線）的站（頂點），有些是兩種公車路線（弧線）的站（頂點），……。如此，我們就可以把頂點分成一線點、二線點、三線點、……等等。在下圖中，A 是 5 線點，B、C、D 都是 3 線點。

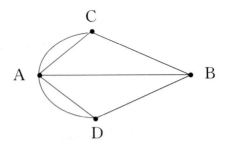

下面，讓我們把圖 3-5 中各網路的頂點作個統計，如下頁的表 3-2 所示（由於各網路中沒有超過六線以上的頂

點，所以只列到六線點為止）。並把該網路是否可以一筆
畫成的結果，列在表的最下一行。

表 3-2

圖號	②	③	④	⑤	⑥	⑦	⑧	⑨	⑩	⑪	⑫
一線點	2	0	0	0	0	0	0	0	0	0	0
二線點	8	4	4	0	5	6	2	0	0	0	0
三線點	0	4	0	4	0	0	3	2	4	10	2
四線點	4	0	4	2	5	6	1	0	1	2	5
五線點	0	0	0	0	0	0	0	0	0	0	0
六線點	0	0	0	0	0	0	0	1	0	0	0
能否一筆畫成	○	×	○	×	○	○	×	○	×	×	○

我們能否從表 3-2 中看出什麼結果？即我們是否能從
可以一筆畫成的網路，與其各線點的數目之間，找出一種
關聯性？我們無法做到，那是因為這個統計表太繁雜了。
如果我們把能一筆畫成的，與不能一筆畫成的網路分開列
表，也許會清楚些。讓我們試試看，於是我們作出了下表

3-3 和表 3-4。

表 3-3

	圖號	②	④	⑥	⑦	⑨	⑫
能一筆畫成的網路	一線點	2	0	0	0	0	0
	二線點	8	4	5	6	0	0
	三線點	0	0	0	0	2	2
	四線點	4	4	5	6	0	5
	五線點	0	0	0	0	0	0
	六線點	0	0	0	0	1	0

表 3-4

	圖號	③	⑤	⑧	⑩	⑪
不能一筆畫成的網路	一線點	0	0	0	0	0
	二線點	4	0	2	0	0
	三線點	4	4	3	4	10
	四線點	0	2	1	1	2
	五線點	0	0	0	0	0
	六線點	0	0	0	0	0

　　你能從表 3-3 和表 3-4 中看出什麼嗎？我們要的不是兩表中共同的，而是要兩表中不同的東西。譬如說：

　　　　兩表中的五線點都為 0，

　　　　兩表中的一線點與六線點都很少。

這些都是表 3-3 和表 3-4 中共同的性質，但是，這些性質對我們沒多大的幫助。

　　那麼，哪些是兩表中不同的性質呢？很好，有人注意到表 3-4 中的三線點數目，比表 3-3 中的三線點數目多很多。算得仔細些，我們看出表 3-3 中三線點的數目都不超過 2，而表 3-4 中三線點的數目都超過 2。

　　一個網路中三線點數目的多寡，與此網路能否用一筆畫成，這兩者之間到底有什麼關係呢？讓我們對三線點做一些分析。

　　一個三線點就是三條弧線的交點，如下頁的圖 3-7 所示。如果它是一條路線中的頂點，則有以下的兩種情形：

　　㈠它是此路線的始點或終點。

　　㈡它不是此路線的始點或終點，而是中間的頂點。

　　如果是後者，則以此點為端點的某一條弧線，一定不在此路線上。如圖 3-7 所示，譬如說，這條路線是由弧線 a 到 A 點，再由 A 點沿弧線 b 出去，則弧線 c 就一定不

在此條路線上。因為 A 點不是此路線的始點或終點，此路線不可能沿著弧線 c 先出去，或沿著弧線 c 再進來（進來之後，沿哪條弧線出去呢？記得 A 點不是始點，也不是終點）。

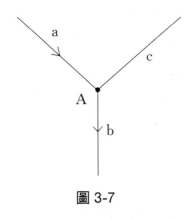

圖 3-7

由此看到，如果一個網路可以由一筆畫成，即有一條路線用到此網路中所有的弧線，則此網路中的三線點，一定是此路線的始點或終點。一條路線的始點與終點最多兩個，而圖 3-3 中的③、⑤、⑧、⑩、⑪各網路中的三線點都超過兩個，難怪不能由一筆畫成。

仿照上面的分析，我們可以看到，如果一個網路可以由一筆畫成（即有一條路線用到此網路的所有弧線），則一線點、五線點、……等奇數線的頂點，也一定是此路線

的頂點或終點，而這些數目，合起來不能超過2，而且只能為2或0（始點與終點重合的時候）。這樣我們就得到下列定理：

定理1　如果一個網路可以由一筆畫成，則此網路中奇數線的頂點數目，合起來只能為2或0

其實，以上的分析不只讓我們得到上述的定理，而且告訴我們怎樣一筆畫成一個網路：

㈠若奇數線的頂點為兩個時，選擇其中一個為始點，另一個為終點。

㈡若奇數線的頂點數為0，則任選一頂點為始點，但此頂點也一定是終點。

現在，你可以利用這些結果來檢視「柯尼斯堡的七座橋」問題了：圖3-2中的網路能否一筆畫成？

由於它的奇數線終點有4個，所以它不能一筆畫成。像這樣不能由一筆畫成的網路，最少要用多少筆才能畫成呢？你能自己想想看嗎？筆者給一些提示如下：

㈠儘量用奇數線的頂點做為始點與終點。

㈡每條路線（即每一筆）只能用去兩個奇數頂點（一

個為此路線的始點，另一個為終點）。

照這樣的畫法，每一筆（即每一條路線）剛好會用去 0 個或 2 個奇數頂點。但是，如果一個網路中的奇數頂點的數目不為偶數，怎麼辦？最有趣的是，我們不用擔心，因為我們有下列的定理。

(定理 2) 在任意的一個網路中，奇數頂點的數目和一定是偶數

證明 設一個網路中的 i 線頂點有 n_i 個，其奇數頂點的和為 N，則

$$N = n_1 + n_3 + n_5 + n_7 + \cdots\cdots \text{————(1)}$$

因為一個網路的頂點是有限的，所以上式其實是個有限和。每一條弧線有兩個端點，如果這個網路有 L 條弧線，則共有 2L 個端點。但這裏有些重複，譬如說，2 線點算了 2 次，3 線點算了 3 次……等等。所以

$$2L = n_1 + 2n_2 + 3n_3 + 4n_4 + \cdots\cdots \text{————(2)}$$

(2)式減去(1)式得

$$2L - N = 2n_2 + 2n_3 + 4n_4 + 4n_5 + \cdots\cdots$$

由於此式的等號右邊為偶數，等號左邊也應該是偶數，因此 N 也是偶數，定理證畢。

現在,你可以放心了。下面,請你自己試試看,下圖 3-8 中的三個網路,各要幾筆才能畫成。

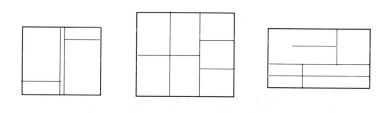

圖 3-8

最後,我們提到這部分的數學教材,在日常生活中的應用:如果把一個都市的街道看成網路,則郵差先生送信時所走的路線,與公車的路線,都是路線。這些路線應該如何設計,才能連通市內各點,並涵蓋此都市的每一條較大的街道?顯然,我們在本文中提到的數學結果,在這裏是可以加以應用的。

這是筆者於民國七十三學年上學期,在臺北市和平國中一年級數學資優班所講授的數學補充教材的一部分。本文原刊載於科學教育月刊第 79 期,p.41〜49,國立臺灣師範大學科學教育中心發行,1985 年 4 月出版。

第四篇　數學謎題與規律的尋求

一、有趣的身分證號碼

本文的主要題材是兩則數學謎題。下面這則謎題，原來刊登在 1978 年 12 月出版的 Scientific American（「科學的美國人」雜誌 p.23）中 Martin Gardner 的專欄「數學遊戲」（Mathematical Games）。為了減少一些與數學無關的說明，我們將它改成下列比較合乎我們國情的形式（我國每個人都有唯一的身分證號碼，此號碼除第一個是英文字母外，後面是一個九位數）：

有個人的身分證號碼很有趣，由 1 到 9 的九個數字都出現，而且從左邊算起，前兩位數可被 2 整除，前三位數可被 3 整除，前四位數可被 4 整除，……，前九位數（即整個號碼）可被 9 整除。請你猜猜看，這個號碼是什麼？

是的，這個謎題就是要我們猜一個長長的九位數。剛才有人問道：滿足這樣條件的號碼（即九位數）可不可能有兩個？這是很好的問題，我的答覆是：我只知道有一

個，並不清楚是否會有兩個。也許在我們解這道題的過程中，會一併回答這個問題。

有沒有人願意試試運氣，隨便猜一下？這位同學猜是123456789，這倒是很方便的猜測。讓我們檢查一下：

$$12 \div 2 = 6，123 \div 3 = 41$$

$$1234 \div 4 = 308 \text{ 餘 } 2$$

顯然不行。還有人要猜嗎？有人要試 123654789。大家替他檢查看看。啊！很好，已經有人按電算器檢查出不行了，什麼地方不行？除以 7 時不行，讓我們算算看：

$$1236547 \div 7 = 176649 \text{ 餘 } 4$$

其實，像這樣的「猜測法」也是數學解題（problem solving）的一種方法，許多人常使用，但並不很管用。讓我告訴你們一種稍微有效的猜測方法，我們姑且稱之為「有系統的猜測法」，這個方法是我在這個暑假與女兒玩遊戲時發現的。我女兒今年才六歲，最近剛上小學，我們玩的遊戲是「買東西」，形式如下所述：

她常拉著我說：老爸，我撿到 3 塊錢，我們一起去買東西吃。我問她：你要買什麼？她說：買臭豆腐。我問：買臭豆腐一盤要 8 塊錢，你的錢夠不夠？她說：不夠。我問：那你猜猜看，還要多少錢才夠，猜對才買給你。於是

她就開始猜了，首先她猜 2 塊錢。我給她 2 塊錢，叫她連她自己的 3 塊錢一起算，看看是不是 8 塊錢。如果是，就一起去買；如果不是，就把 2 塊錢收回來，叫她重新猜。那個時候，她雖然不會加減法，但她會數數，所以這個遊戲可以玩下去。

　　她開始玩這個遊戲時，並沒有任何的解題策略，只是隨便亂猜。有時當然很快就猜對，但有時則會重複猜（譬如，第一次猜 6，不對。以後又猜了好幾次也沒猜對，但她忘了她曾猜過 6 了，所以再次猜 6）。由於她撿到的錢（都是她哥哥洗衣服前忘了拿出口袋的零錢），每次不一樣，而要買的東西也不一定是同樣的價錢，所以她死記上次猜對的數目也沒用。

　　但這個遊戲玩久了，她慢慢發展出一套有效的策略，就是有系統的猜測法：她首先猜 1 塊，不對時再猜 2 塊，不對再猜 3 塊，……，每次增加 1 塊錢，最後她一定會猜對。這種方法在解一些數學題目時是很有威力的，譬如說年齡算（如流水算、雞兔算等題目類型名稱）題目：

　　已知父現年比子現年的 5 倍少 3 歲。4 年後，父年比
　　子年的 3 倍還多 5 歲，問父、子現年各多少歲？

這樣的問題對我們同學而言，當然是很單純的，因為你們都學過代數。只要用 x 代表未知數列式，立刻可以解出來。如下：

令子現年為 x，則父現年為 5x－3。

4 年後，子年為 x＋4，父年為 5x－3＋4＝5x＋1，

所以，按照題意列式，得

$$5x+1=3（x+4）+5$$

$$5x+1=3x+17$$

$$2x=16，x=8$$

故知子現年為 8 歲，父現年為 5×8－3＝37 歲。

但對沒學過代數的小學生，這樣的問題就很困難。要他們隨便猜，不見得容易猜到正確的答案。可是，他們要是知道上述的「有系統的猜測法」，則要得到答案也不挺麻煩。他們可以列表如下：

現年	子	1	2	3	4	5	6	7	8		
	父	2	7	12	17	22	27	32	37		
4年後	子	5	6	7	8	9	10	11	12		
	父	6	11	16	21	26	31	36	41		
對或錯		×	×	×	×	×	×	×	√		

由此可知，這種猜測的方法還是滿有效的，至少要比隨便猜要有效很多。現在讓我們看看，這種猜測法是否可以用到身分證號碼的謎題上。

有人說可以，怎樣用法？從最小的 123456789 開始，一路增加，下一個數是 123456798，再下去的一個數就是 123456879，……。暫停，不要一下子就開始檢查。

讓我們先算算看，如果從頭試到尾，總共有多少數要檢查。首先，1 到 9 共九個數字都可以放在（最左邊）第一位，所以有 9 種可能性。放好第一位後，還剩八個數字可以放在第二位，故有 9×8 種的可能性。放好了前兩位後，剩下七個數字都可以放在第三位，故共有 9×8×7 種可能性。如此繼續算下去，共有三十六萬二千八百八十種可能性：

$$9！＝9×8×7×6×5×4×3×2×1$$
$$＝362880$$

如果要算到很後面才能找到正確答案，我們願意這樣花時間猜下去嗎？有人建議寫一個電腦程式算。可以，你們回家後可以自己做。在這兩堂數學課裏，我要你們自己用腦子想。頭腦一定要多鍛鍊，才不會生鏽。

讓我們先檢討一下，為什麼這個方法在前面的問題中

有效，而在這個問題上失效了呢？對了，前面的問題中，
我女兒要買的東西不會太貴，年齡算題目中，兒子的年齡
也不可能超過 20 歲（不然父親的年齡就快接近 100 歲
了），所以猜幾次就猜出來了。但是，這個問題中要猜的
可能性太多了，因此方法失效。

二、善用問題中的條件

　　我們能不能利用問題中所給的條件，來減少一些可能
性呢？順便想想看「有系統」這三個字，對我們這個題目
是否也有一些幫助？

　　有人建議先畫出九個格子，再用英文字母代替各位上
的未知數字，還有人說第五位的數字是 5。好，讓我們先
在黑板上把這些寫下來：

A　B　C　D　　E　F　G　H
☐　☐　☐　☐　5　☐　☐　☐　☐

為什麼第五位的數字是 5 呢？因為能被 5 整除的整數，譬
如說 285 或 760 等，其個位上的數字只可能是 0 或 5（你
知道為什麼嗎？想想看），而我們知道 0 不出現，所以是

5。很好，我們有沒有辦法，仿照這種方式，來確定其他各位上的數字呢？

能被 2 整除的條件是什麼？其個位數字一定是偶數，即 0，2，4，6 或 8，所以 B 只可能是 2，4，6 或 8。這個條件雖然不很好，但至少我們減少了許多可能性。有人建議說，能被 4，6 或 8 整除的整數，其個位數也得為偶數。很好，讓我們把這些條件寫下來，如下表。

A	B	C	D	E	F	G	H
□	□	□	□	5	□	□	□
	2		2		2		2
	4		4		4		4
	6		6		6		6
	8		8		8		8

我們能從這裏看出什麼嗎？有人說，偶數 2，4，6，8 都用光了，所以在 A，C，F，H 的位置上只可能是奇數，即 1，3，7，9。這樣，我們已經把可能性減少很多，只剩下 576 種可能性（你知道為什麼嗎？算法如下，想想看）。

$$4！\times 4！=（4\times 3\times 2\times 1）\times（4\times 3\times 2\times 1）$$
$$=24\times 24=576$$

　　由此可見，只要我們肯有系統的思考，善用題目裏所給的條件，即使只用到一點點，在解題上也已有很大的進步。576 種可能性，比起上面所說的 36 萬多種的確是少了很多，但還是超過我們能實質去個別檢驗的程度。所以，我們還得繼續減少其可能性。

　　能被 3 整除的條件是什麼？大家都知道，是各位數字的和可被 3 整除。為什麼是這樣？你們知道理由嗎？不知道？學數學不能只記得許多的數學結果，還要能知道其道理，這樣才會學得好。

　　下面，我把道理講一遍，希望以後大家都能改變「知其然，而不知其所以然」的學習態度。假定一個數 k 能寫成下列形式（下面的 a_i 都是 0 到 9 之間的數字）

$$k = a_n \times 10^n + a_{n-1} \times 10^{n-1} + \cdots\cdots + a_1 \times 10 + a_0$$

$$= a_n \times (10^n - 1) + a_{n-1} \times (10^{n-1} - 1) + \cdots\cdots$$

$$+ a_1 (10 - 1) + (a_n + a_{n-1} + \cdots\cdots + a_1 + a_0)$$

$$= 9m + (a_n + a_{n-1} + \cdots\cdots + a_1 + a_0)$$

　　由於上式中，$10 - 1 = 9$，$10^2 - 1 = 99$，$10^3 - 1 = 999$，……等都是 9 的倍數，所以寫成 9m 的形式。如果這個數 k 能被 3 整除，則 $k = 3A$，所以 $a_n + a_{n-1} + \cdots\cdots + a_1 + a_0 = k - 9m = 3(A - 3m)$ 也能被 3 整除。這個道理並不難，

懂了沒有？

　　有人說，如果 k 被 9 整除，仿照上述的說法，其各位數字的和 $a_n + a_{n-1} + \cdots\cdots + a_1 + a_0$ 也能被 9 整除。很好，道理是不是一樣呢？

　　我們雖然知道了這條規則的道理，但這條規則在這個題目上似乎不好用，因為它對尾數的限制，並不能提供比我們已知的更多的資訊。這種情況在數學解題中常常發生，有的條件好用，有的不好用，這是正常的現象，不足為怪。在這種情況下，我們跳過這個條件不用，先看看能被 4 整除的條件是什麼？

　　能被 4 整除的條件能不能只看最末尾的數字？對了，要看它的末尾兩位的數字，其末尾的兩位數應該要能被 4 整除才對。理由是什麼？怎麼舉手的都是男生？

　　不行，這年頭男女平等，我一定要訓練你們這些女生講話，說不定將來中華民國的第一位女總統就出在你們班上。好，我們請這位個子最小的女生講給大家聽：假定 k 可以寫成下列的形式（其中 a_i 都是 0 到 9 之間的數字）

$$k = a_n \times 10^n + \cdots\cdots + a_2 \times 10^2 + a_1 \times 10 + a_0$$

$$= (a_n \times 10^{n-2} + \cdots\cdots + a_2) \times 100 + (a_1 \times 10 + a_0)$$

由於 100 是 4 的倍數，若 k 能被 4 整除，則 k＝4B，因此，

$$a_1 \times 10 + a_0 = k - (a_n \times 10^{n-2} + \cdots\cdots + a_2) \times 100$$
$$= 4[B - (a_n \times 10^{n-2} + \cdots\cdots + a_2) \times 25]$$

也能被 4 整除。說得很好，大家給她鼓勵鼓勵。

　　道理說清楚了，這個條件又要怎麼用呢？有人說把可能的末尾兩位數通通列出來。會不會很多呢？不會！好，那我們就列在黑板上

　　12，16，32，36，52，56，72，76，92，96

為什麼 24，28……這些 4 的倍數沒列出來呢？因為 C（即第三位數）只能是個奇數。好，從這個結果我們能發現什麼規律？只有 2 和 6 出現在第四位數（即 D 的位置上）。真好，又減少了一半可能性，使可能的數目變成只有 288 種了：

A	B	C	D		E	F	G	H
□	□	□	□	5	□	□	□	□

A	B	C	D		E	F	G	H
1	2	1	2		2	1	2	1
3	4	3	6		4	3	4	3
7	6	7			6	7	6	7
9	8	9			8	9	8	9

　　讓我們繼續看整數能被 6 整除的條件。有沒有人知道這樣的條件？沒有！能被 6 整除的整數，能不能被 3 整除呢？能！那我們可不可以用這個條件呢？想想看！讓我給

你們一個提示：前三位數是 3 的倍數，而

$$k＝A×10^5＋B×10^4＋C×10^3＋D×10^2＋5×10＋E$$
$$＝(A×10^5＋B×10^4＋C×10^3)＋(D×10^2＋5×10＋E)$$
$$＝3m＋D×99＋5×9＋（D＋5＋E）$$

看出什麼結果嗎？有人說，D＋5＋E 能被 3 整除，對不對呢？對。為什麼呢？理由大家都清楚嗎？清楚就好了。現在讓我們把中間可能的三位數，都列出來：

252　254　256　258　652　654　656　658

這些數當中，可以去掉哪些？有人說，252 或 656 不可能出現。為什麼？因為數字重複了。還有哪些數可以去掉？254，256，652，658，為什麼這些數可以去掉？因為它們都不能被 3 整除。由此知道，中間的三位數只可能是 258 或 654 兩種可能。

A	B	C	D		E	F	G	H
□	□	□	□	5	□	□	□	□

A	B	C	D(5)E	F	G	H
1	2	1	258	1	2	1
3	4	3	654	3	4	3
7	6	7		7	6	7
9	8	9		9	8	9

能被 7 整除的條件是什麼？沒人知道嗎？好，這個條

件本來就不好用，我們乾脆跳過去，先看能被 8 整除的條件！有人知道吧？是的，其末尾的三位數能被 8 整除。為什麼？這次輪到男生，請這位大塊頭的男生來講：把整數 k 寫成下列形式（其中 a_i 是 0 到 9 之間的數字）

$$k = a_n \times 10^n + \cdots\cdots + a_3 \times 10^3 + a_2 \times 10^2 + a_1 \times 10 + a_0$$
$$= (a_n \times 10^{n-3} + \cdots\cdots + a_3) \times 10^3$$
$$+ (a_2 \times 10^2 + a_1 \times 10 + a_0)$$

由於 $10^3 = 1000 = 8 \times 125$，若 $k = 8A$，則

$$a_2 \times 10^2 + a_1 \times 10 + a_0$$
$$= k - (a_n \times 10^{n-3} + \cdots\cdots + a_3) \times 10^3$$
$$= 8[A - (a_n \times 10^{n-3} + \cdots\cdots + a_2) \times 125]$$

也是 8 的倍數。講得很好，大家也給他鼓勵鼓勵。

　　現在我們把這個條件拿來用在這道問題上。怎麼用呢？有人建議把第六、七、八三位數的所有可能情形都列出來，會不會太多？不會就列吧！

812	832	872	892
814	834	874	894
816	836	876	896
412	432	472	492
416	436	476	496
418	438	478	498

我們不列 818，414……等是因為其中有重複的數字
出現。上述的這些數當中，那些是 8 的倍數？不是 8 的倍
數時，就可劃去。劃去後，剩下哪些數？

| 816 | 832 | 872 | 896 |
| 416 | 432 | 472 | 496 |

從這裏我們可以看到什麼？有人說，G（即第八位上
的數字）只能是 2 或 6，由於 2 和 6 已被 D（即第四位
上的數字）和 G 用光，B（即第二位上的數字）只能是 4 或
8。還有人說，其實第六、七、八三位上的數字，沒有上
述的八種可能性。為什麼？

因為要跟前面第四、五兩位上的數字不重複才行。譬
如說，832，872，416，496 都不應該出現，若與第四、
五、六位上的 258 或 654 連在一起，會變成 25832，
25872，65416，65496，這樣就會有數字重複了。把這些
數扣除，第四到第八位只剩下列 4 種可能：

A　B　C　D　E　F　G　H
□　□　□　□　5　□　□　□　□

1	4	1	25816	1
3	8	3	25896	3
7		7	65432	7
9		9	65472	9

　　能被 9 整除的條件，上面已經討論過了，怎樣用呢？有人建議只看末尾的三位數，這個三位數一定能被 9 整除嗎？不一定，但這個三位數一定能被 3 整除。為什麼呢？因為 9 的倍數也一定是 3 的倍數，而前六位數是 3 的倍數，所以後三位數是 3 的倍數。道理清楚嗎？道理清楚了後，就要考慮如何使用。怎樣用？把末尾三位的可能情形列表如右：

163	961	321	721
167	963	327	723
169	967	329	729

161，969，323，727 都沒有列出來，原因是很清楚的，這裏不再多說。上述的各數當中，把不為 3 倍數的數劃去，剩下哪些？只剩下五種可能性：

963　321　327　723　729

　　把這個結果，跟前面的結果合起來可知：從第四位數開始到第九位數上的數字，只有下列的五種可能情形：

A	B	C	D		E	F	G	H
☐	☐	☐	☐	5	☐	☐	☐	☐

1	4	1		258963
3	8	3		654321
7		7		654327
9		9		654723
				654729

現在，我們可以把前 3 位數放進來組合了。譬如說，在 258963 前面的三位數，可能是哪些數？還沒用到的是哪些數字？只有 1，4 和 7，所以只有兩種可能性，即 147 或 741。仿照這種方式，我們把可能的情形減少到下面的十個數目：

147258963	741258963
789654321	987654321
189654327	981654327
189654723	981654723
183654729	381654729

三、結果的檢驗

把可能情形減少到十種之後，已經可以動手檢查了。檢查時，我們是否要每個條件都用到呢？不用。譬如說，前兩位數是 2 倍數，前四位數能被 4 整除的條件等，都已經用過了，所以這些條件都不必再加檢查。那麼，還沒有用到的條件是哪些呢？是前三位數能被 3 整除，前七位數能被 7 整除，整個號碼能被 9 整除，這三個條件。

首先，讓我們來看前三位數能被 3 整除的條件。啊！已經有人宣告這個條件，檢查結果沒問題。你是怎樣檢查

的呢？是把這些數的前三位數加起來，再用 3 除：

$$1+4+7=12，7+8+9=24$$

$$1+8+9=18，1+8+3=12$$

這些數都是 3 的倍數，所以這個條件沒問題。很好，再想想看，有沒有其他的道理可以告訴我們，譬如說，這個檢查有沒有必要？想不出來嗎？讓我告訴你們：因為 1 到 9 這九個數字都出現一遍，而且

$$1+2+3+4+5+6+7+8+9=45$$

45 是 3 倍數，而我們也知道上述的十個數，後六位數能被 3 整除（請回憶一下前面的過程），所以其前三位數一定可以被 3 整除。這個道理是不是充分呢？是否清楚呢？大家都清楚就好了。

其次，讓我們檢查整個號碼是否能被 9 整除的條件。想想看，上段所說的道理，對這個條件是否一樣能說得通呢？可以，為什麼呢？

請這位小男生向大家說明：因為 1 到 9 的九個數字都出現一遍，而且由 1 加到 9 的和是 45，是 9 的倍數，所以不管它們怎樣排列，都一定是 9 的倍數。

最後，我們要檢查前七位數能被 7 整除的條件。檢查這個條件時，我們有兩種方式。一種方式是拿上述十個數

的前七位數，都直接用 7 去除，看看哪些能被 7 整除。這是比較直接的方式，尤其是帶了電算器來上課的同學更是方便。另一種方式是模仿檢查其他條件的方式，把能被 7 整除的條件明確地表達出來，再用這個條件去檢查。既然我們是在上數學課，不妨就花點時間來學一點東西，即採用後一種方式。

　　整數能被 7 整除的條件是什麼？這個條件是比較偏的結果，在數學上並沒有重要性，也不好用，所以知道的人也不很多。這種條件一般都是利用該數很接近 10，100，1000，……等的倍數來敘述的。譬如說，上面我們用到 $10 = 9 + 1$ 來敘述 3 與 9 倍數的條件。現在我們也採用相似的方式來說明：

因為　　　$100 = 98 + 2 = 7 \times 14 + 2$

假定 k 是一個四位數，把它寫成下列形式（其中 a_i 為 0 到 9 之間的數字）

$$k = a_3 \times 10^3 + a_2 \times 10^2 + a_1 \times 10 + a_0$$

$$= (a_3 \times 10 + a_2) \times 100 + (a_1 \times 10 + a_0)$$

$$= (a_3 \times 10 + a_2) \times (98 + 2) + (a_1 \times 10 + a_0)$$

$$= 7m + (a_3 \times 10 + a_2) \times 2 + (a_1 \times 10 + a_0)$$

所以，k 能被 7 整除的充分必要條件是

$$k-7m=（a_3\times10+a_2）\times2+（a_1\times10+a_0）$$

能被 7 整除。由此，我們可以把一個整數，由個位開始，以每兩位一節的方式劃分，由左邊最高位的一節開始，乘上 2 加上下一節。如果得到的數是一個兩位數，就繼續上述的步驟往下節移；如果得到的數是個三位數，則繼續分節做上述的步驟。這樣做下去，直到最後得到一個兩位數為止。在上述的這些過程中，我們顯然也可隨意扣除 7 的一些倍數，而不會影響最後的結果。

為什麼？你知道原因嗎？想想看。讓我們用上節最後所得到的十個數中的第一個與最後一個，即 147258963 與 381654729 的前七位數，來做示範如下：

(一)1'47'25'89　　→1×2+47＝49　　→49−7×7＝0

　　　　　　　　　→·0×2+25＝25　　→25−7×3＝4

　　　　　　　　　→4×2+89＝97　　→97−7×13＝6

6 不能被 7 整除，故 1472589 不是 7 的倍數。

(二)3'81'65'47　　→3×2+81＝87　　→87−7×12＝3

　　　　　　　　　→3×2+65＝71　　→71−7×10＝1

　　　　　　　　　→1×2+47＝49　　→49−7×7＝0

所以 3816547 能被 7 整除。

　　從上述兩個例子可以看到，這個檢驗條件用起來不像其他的條件那麼好用。而且，我們也檢查出上節最後列出的十個數字中的最後一個，滿足了題目中要求的所有條件。但是，我們並不能確定這道問題是否有兩個答案，或更多答案。所以，我要求各位利用上述 7 的倍數的檢查法，來檢查其他的八個數目的前七位數，當做對此檢驗法的練習。

　　檢查的結果怎麼樣？其他數目的前七位數都不是 7 的倍數。所以，身分證號碼的問題只有一個答案，就是最後一個數 381654729。

四、孤獨的七

　　上面我們猜了一個謎題，下面還要再猜一個謎題。這兩個謎題的性質雖然有點不同，味道卻是相似的。下面這道謎題的名稱，聽起來有點憂鬱，叫做「孤獨的七」（七與妻同音），題目的形式如下頁所示。

　　這是一道整數的除法題目，整個除法直式中只出現了一個數字，那就是 7，如下頁。因此，這道題目的名稱由來就一目了然了。題目是要我們在這個除法直式的空格

中，填上適當的數字，來完成這道除法。看起來有點難，其實並不很難，我相信各位都有能力可以解決這道題目的。為了方便，各位可以自由地與鄰近的同學互相討論，但不可太大聲，以免干擾別人的思路。現在，剩下來的時間大概做不完這題了，大家回去再做，做完繳來。下一次上課，我要找一位同學上台來講這道題目。

$$
\begin{array}{r}
\square\,7\,\square\square\square \\
\square\square\square \,\overline{) \square\square\square\square\square\square\square} \\
\square\square\square\square \\
\hline
\square\square\square \\
\square\square\square \\
\hline
\square\square\square \\
\square\square\square \\
\hline
\square\square\square\square \\
\square\square\square\square \\
\hline
\end{array}
$$

　　大家繳來的「孤獨的七」的作業，看起來都做得非常好。為了確定起見，我還是請一位同學上台講解一遍。下面，我們就來聽這位戴眼鏡的女生講解，如下：

　　這道題目的名稱雖然是「孤獨的七」，但我很快的就給一些空格填上了數字，如下所示。其他沒辦法立刻填上適當數字的空格，我用英文字母填入，討論時比較方便。

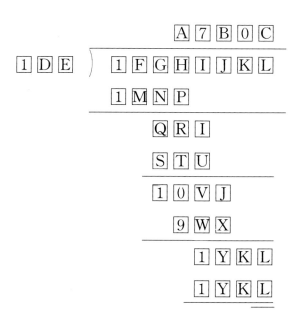

　　首先，我要解釋已經填入的數字。商的十位數我填上0，這從直式的形式立刻看出來，不用再加解釋。除數的

百位數字為什麼是 1？因為 7 乘上這個三位數（即除數）的積，仍然是個三位數，而 7×143＝1001，所以除數不能比 142 更大。由此可以推論得到，除數的百位數字是 1，而且被除數的最高位上的數字非是 1 不可（因為 9×143＝1287），這個數字下面的空格也非 1 不可，最下兩行（因為整除，所以這兩行的數字是一樣的）的千位數字也是 1。

　　倒數第四行的數目，其千位數字為什麼是 1？而其百位數字為什麼是 0？同時，倒數第三行數目的百位數字為什麼是 9 呢？因為若不這樣，則 9 的下面應該還有空格才對，如下圖所示：

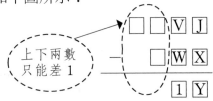

　　解本道題目的關鍵在於 S≤8（這裏的英文字母，請參看下面的除法直式），因為 9≥Q，而 Q－S≥1。由此知道，7 乘上除數的積不超過 900，B 乘上除數的積介於 900 與 1000 之間，而 A 與 C 乘上除數的積都超過 1000，故 A＝C＝9，B＝8，這樣，我們可以把上面的除法直式

寫為下面的樣子：

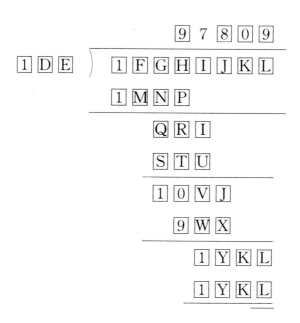

現在我要決定除數的範圍，因為 8 乘上除數的積應該介於 900 與 1000 之間，而我們知道：

$$125 \times 8 = 1000，112 \times 8 = 896$$

所以除數一定小於 125，而大於 112。這裏總共有下列的十二個數要試：

113，114，115，116，117，118，

119，120，121，122，123，124。

　　我曾嘗試用其他的方式，想辦法減少這些可能性，但其他已知的條件，都沒辦法幫這個忙。譬如說，用 7 乘上除數的積不超過 900 的事實，129×7＝903，只能得到除數小於 129；用 9 乘上除數的積大於 1000 的事實，112×9＝1008，得到除數大於 112；比上面的範圍更大，所以沒辦法減少這些可能情形。

　　於是，我開始試算。我的運氣很好，由最大的數 124 開始，一下就中獎了，試算的結果如下：

```
                    9 7 8 0 9
    1 2 4 )  1 [2] [1] [2] 8 3 [1] 6
             1 1 1 6
                 [9] [6] [8]
                 8 6 8
                 1 0 [0] [3]
                 9 9 2
                     1 1 1 6
                     1 1 1 6
                     ＝＝＝＝
```

　　我曾經試用其他的數來試算，看看是否有其他可能的
情形，但是都產生了矛盾的現象。下面，我以 120 為例來
作說明。其他可能性的試算式子，都與這個試算式一樣，
在某個地方會發生矛盾，這裏就不一一列出來了。

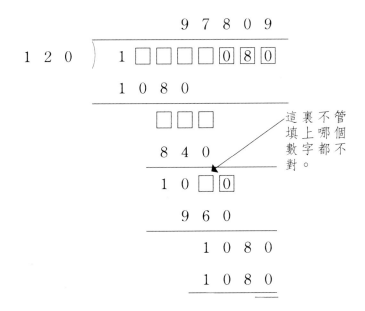

五、結語

本文所處理的問題，是數學教育中所謂的數學解題。這個形式的教學是這幾年來最熱門的一個課題。教材並不特別，重點是在處理手法，如何引導學生思考。在實際教學時，筆者採用的是蘇格拉底對話錄（Socratic Method）的形態，即師生問答方式，中間有些時間留給學生計算、討論。

在寫本文時，我們覺得保持課堂上教學實錄的方式，比較能保留這種精神，這種文章讀起來是有點怪怪的，但對筆者而言是一種嘗試。對話中的語氣曾加修飾，推理過程也曾加以簡化，如此才能縮短篇幅。

本文是由筆者於民國 74 年 9 月 4 日，在臺北市和平國中二年級數學資優班，上數學補充課程時的教學實錄改寫而成的。本文原刊載於科學教育月刊第 85 期（p.29～41），國立臺灣師範大學科學教育中心發行，1985 年 12 月出版。

第五篇 七七巧會

一、前言

前文「數學謎題與規律的尋求」討論了一則與整數除法有關的謎題，由於這道題目中，只有一個數字 7 出現，所以題名叫做「孤獨的七」。好些朋友向我表示喜歡這樣的題目，他們認為解這類題目並不需要什麼特殊的數學知識，常人只要肯動腦筋、有耐性，就可以享受到數學解題的樂趣。因此，希望我有機會多提供一些適合的題材。

最近在 Dorkie 的「基礎數學的一百道大題」一書（100 Great Problems of Elementary Mathematics, by Heinrich Dorkie; Dover Publication, 1965; p.11）中，找到一題與上述「孤獨的七」很相似的題目，也是整數除法的，整題只有七個數字，都是七。所以題名是「七七巧會」，如下頁。

我試做了這道題目後，覺得此題雖然外表上比「孤獨的七」複雜許多（除數多了三位），但事實上並不感到難太多：用到的解題技巧幾乎一樣。唯一需要多一點的，大概是耐心吧！好，願意享受自己解題樂趣的讀者，最好就此打住，不要再往下看，自己動動腦吧！

```
                              □ □ 7 □ □
□ □ □ □ 7 □ ) □ □ 7 □ □ □ □ □ □ □
                 □ □ □ □ □ □
                 □ □ □ □ 7 □
                 □ □ □ □ □ □ □
                   □ 7 □ □ □ □
                   □ 7 □ □ □ □
                   □ □ □ □ □ □
                   □ □ □ 7 □ □
                     □ □ □ □ □
                     □ □ □ □ □
```

二、初步的推論

讓我們在題目的一些空格中填入一些數字（下文會說明為什麼填上這些數字），不能填上合適數字的空格中，我們也填上一些英文或希臘文的字母來代表。同時，我們也標明了題目各行的「號碼」，以便討論時引用，請看下頁的除法直式。下面，我們先來解釋填到空格中的五個數字：

(一)除數最左一位（即十萬位）的數字為什麼是 1 呢？因為由商數百位上的 7 與第 6 行（此數為 7 乘上除數的積）知道，此數字若大於 1，第 6 行就應該是七位數了（200000×7＝1400000）；

(二)由此可以推論，若第 3 行的最左一位數字是 2，則表示此行上面的除法沒除乾淨（即餘數仍然大於 200000，而此數大於除數）；

(三)第 4 行的最左一位數因此不能大於 1，即只能為 0 或 1，但若為 0 則不會出現空格，故為 1；

(四)與上述的(二)和(三)同理，第 7 行與第 8 行的最左邊一位數字都應該是 1。

$$\boxed{\varepsilon}\ \boxed{\lambda}\ \boxed{7}\ \boxed{\mu}\ \boxed{\nu} \quad \cdots\cdots\cdots \text{第0行}$$

$$\boxed{1}\ \boxed{\alpha}\ \boxed{\beta}\ \boxed{\gamma}\ \boxed{7}\ \boxed{\delta}\Big/\ \boxed{A}\ \boxed{B}\ \boxed{7}\ \boxed{C}\ \boxed{D}\ \boxed{E}\ \boxed{J}\ \boxed{Q}\ \boxed{W}\ \boxed{z} \quad \cdots\cdots\cdots \text{第1行}$$

$$\boxed{a}\ \boxed{b}\ \boxed{\triangle}\ \boxed{c}\ \boxed{d}\ \boxed{e} \quad \cdots\cdots\cdots \text{第2行}$$

$$\boxed{1}\ \boxed{F}\ \boxed{G}\ \boxed{H}\ \boxed{I}\ \boxed{7}\ \boxed{J} \quad \cdots\cdots\cdots \text{第3行}$$

$$\boxed{1}\ \boxed{f}\ \boxed{g}\ \boxed{h}\ \boxed{i}\ \boxed{\theta}\ \boxed{j} \quad \cdots\cdots\cdots \text{第4行}$$

$$\boxed{K}\ \boxed{7}\ \boxed{M}\ \boxed{N}\ \boxed{P}\ \boxed{Q} \quad \cdots\cdots\cdots \text{第5行}$$

$$\boxed{k}\ \boxed{7}\ \boxed{m}\ \boxed{n}\ \boxed{p}\ \boxed{q} \quad \cdots\cdots\cdots \text{第6行}$$

$$\boxed{1}\ \boxed{S}\ \boxed{T}\ \boxed{U}\ \boxed{\phi}\ \boxed{V}\ \boxed{W} \quad \cdots\cdots\cdots \text{第7行}$$

$$\boxed{1}\ \boxed{s}\ \boxed{t}\ \boxed{u}\ \boxed{7}\ \boxed{v}\ \boxed{w} \quad \cdots\cdots\cdots \text{第8行}$$

$$\boxed{X}\ \boxed{Y}\ \boxed{Z}\ \boxed{x}\ \boxed{y}\ \boxed{z} \quad \cdots\cdots\cdots \text{第9行}$$

$$\boxed{X}\ \boxed{Y}\ \boxed{Z}\ \boxed{x}\ \boxed{y}\ \boxed{z} \quad \cdots\cdots\cdots \text{第10行}$$

由於 7 乘上除數小於 1000000，而

$$142870 \times 7 = 1000090，$$

故除數應該小於 142779（除數的十位數已知為 7）。又因

$$142779 \times 9 = 1285011，$$

故第 8 行左邊算來的第 2 位數字 s，只能為 0、1 或 2。

但是，s 上面的數字 S（第 7 行），是 7 減去 7 的差額，故只能為 0 或 9（9 為退位時候的情形）。若 S＝9 而 s≤2，則相減後不能為 0 或 1（1 為退位到下面去的情形），故由題目的外形可推知，S＝s＝0。

現在讓我們看第 5 行、第 6 行與第 7 行最左邊的二位數字。因為 S＝0，故知 K＝k＋1。再因 K≤9，而知 8≥k≥7，即 7 乘上除數的積（即第 6 行的數字）不能超過 879999。由於

$$125770 \times 7 = 880390$$

故知除數一定小於 125679。由此可知除數左邊算來第 2 位的數字 α，只能是 0、1 或 2。

讓我們先刪除 $\alpha = 0$ 的可能性：因為

$$109979 \times 9 - 989811$$

仍然是個六位數，而由題目外形知道，第 8 行與第 4 行均為除數乘上某個一位數的積，是個七位數，故知 $\alpha = 0$ 是不可能的。

三、進一步確定除數的上下限

下面，我們進一步刪除 $\alpha = 1$ 的可能性。假定除數從

左邊算來第二位數的 α 是 1，則 7 乘上除數的積（等於題目中的第 6 行），其左邊算來第二位數是 7 的唯一可能是 β（即除數從左算來第三位數）等於 0 或 1；因為只有如此，這位數乘上 7 才不會進位，而影響了前一位數（第 6 行的左邊第二位是 7）。但 $\beta=0$ 是不行的，因為

$$9\times110979=998811$$

是個六位數，與第 4 行、第 8 行為 7 位數的現象矛盾。

若 $\alpha=1$，$\beta=1$，請看第 8 行。因為

$$8\times111979=895832$$

為六位數，故知 $\mu=9$。但是 $9\times111\boxed{\gamma}7\boxed{\delta}$ 的積，從後面算來第 3 位數字是 7，試算的結果只有兩種可能性，即 $\gamma=0$ 或 $\gamma=9$，如下面算式所示（若 $\gamma=0$ 時 $\delta\geq8$；若 $\gamma=9$ 時 $\delta\leq7$）：

$$
\begin{array}{l}
\quad\square\square\cdots\cdots\cdots\cdots\cdots\cdots\cdots\cdots\cdots\cdots\quad \delta\times9 \\
\quad\ 6\ 3\ \cdots\cdots\cdots\cdots\cdots\cdots\cdots\cdots\cdots\cdots7\times9 \\
\ \square\square\cdots\cdots\cdots\cdots\cdots\cdots\cdots\cdots\cdots\cdots\quad \gamma\times9 \\
9\ 9\ 9\ \cdots\cdots\cdots\cdots\cdots\cdots\cdots\cdots\cdots111\times9 \\
\hline
\boxed{1}\boxed{0}\boxed{t}\boxed{u}7\boxed{v}\boxed{w}\cdots\cdots\cdots\cdots\cdots\cdots\text{第 8 行}
\end{array}
$$

　　由下面算式的結果，我們可立刻排除 $\gamma = 0$ 的可能性

$$9 \times 111079 = 999711$$

若 $\gamma = 9$ 時，我們試算

$$7 \times 11197\boxed{\delta} = 783\square\square\square$$

也與第 6 行的結果不合（第 6 行從左邊算來的第二位數字非為 7 不可），故 $\gamma = 9$ 也不可以成立。因此，$\alpha \neq 1$，所以，$\alpha = 2$。

　　由 $12\boxed{\beta}\boxed{\gamma}7\boxed{\delta} \times 7$ 的結果，知道第 6 行的 k = 8，因此第 5 行 K = 9。下面看看 β 的可能性。由於下列計算：

$$124000 \times 7 = 868000 < 87\square\square\square\square$$
$$126000 \times 7 = 882000 > 87\square\square\square\square$$

知道 β 只可能等於 4 或 5。由上面的下式與第 8 行比較，知道 $\mu > 7$。但是

$$124000 \times 9 = 116000$$

大於第 8 行的數，故知 $\mu < 9$，即 $\mu = 8$。

　　由下式的計算結果，與第 8 行比較後知道不合，

$$124979 \times 8 = 999832 < 1000000$$

所以，$\beta = 4$ 不行，因此 $\beta = 5$。再度檢查 $125\boxed{\gamma}7\boxed{\delta} \times 8$ 的結果，與第 8 行比較，知道 γ 只在等於 4 或 9 時，從右邊算來的第三位數才能是 7（即符合第 8 行的要求），如

下式所示（ $\gamma = 4$ 時， $\delta \leq 4$ ； $\gamma = 9$ 時， $\delta \leq 4$ ）。

$$\boxed{}\boxed{} \cdots\cdots\cdots\cdots\cdots\cdots\cdots\cdots\cdots \delta \times 8$$
$$5\ 6 \cdots\cdots\cdots\cdots\cdots\cdots\cdots\cdots\cdots 7 \times 8$$
$$\boxed{}\boxed{} \cdots\cdots\cdots\cdots\cdots\cdots\cdots\cdots\cdots \gamma \times 8$$
$$\underline{1\ 0\ 0\ 0 \cdots\cdots\cdots\cdots\cdots\cdots\cdots\cdots 125 \times 8}$$
$$\boxed{1}\boxed{0}\boxed{t}\boxed{u}\ 7\ \boxed{v}\boxed{w} \cdots\cdots\cdots\cdots 第 8 行$$

但是當 $\gamma = 9$ 時，下式計算的結果與第 6 行的數目不合：
$125970 \times 7 = 881790$。故知 $\gamma \neq 9$，即 γ 非等於 4 不可。由
此可知， δ 也只能為 0、1、2、3 或 4。

四、總結初期的結果

由試算知道，不管 $\delta = 0$、1、2、3 或 4，我們都有
$$1\ 2\ 5\ 4\ 7\ \boxed{\delta} \times 8 = 1\ 0\ 0\ 3\ 7\ \boxed{}\boxed{}$$
即第 8 行的 $t = 0$， $u = 3$。同理
$$1\ 2\ 5\ 4\ 7\ \boxed{\delta} \times 7 = 8\ 7\ 8\ \boxed{}\boxed{}\boxed{}$$
即第 6 行的 $m = 8$， $k = 8$， $K = 9$。

由於第 9 行的 $X \geq 1$，而其上（第 8 行）的 $t = 0$，故
第 7 行的 $T \geq 1$。又由 T 上面的 $m = 8$，其上的 $M \leq 9$（且
$S = s = 0$ ），知道 $T \leq 1$。故知 $M = 9$， $T = 1$。由此可以

推得 X＝T－t＝1－0＝1。因此，第 9 行與第 10 行的數字，就是除數自己，即為 12547δ，而商的最後一位數字 ν＝1。讓我們把以上得到的各結果，放回到原來的除法算式中，如下。

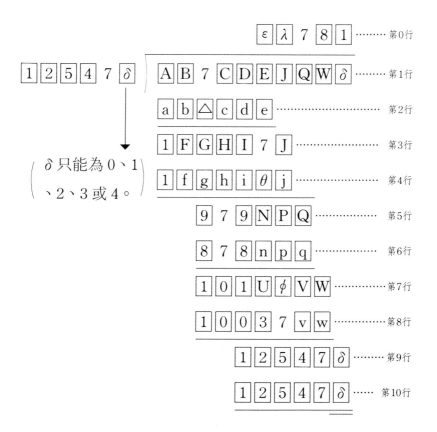

　　從此處起，我們已然無法再由單純的推論，來進一步確定其他未知的數字。所以，只有利用羅列的方式，來看哪些情形是可行的，哪些不可行。

　　各種可能情形的羅列，當然是由除數中的最末尾數字 $\delta = 0$、1、2、3 或 4 開始，以及推到後面時商數的第二位數字 $\lambda = 8$ 或 9，所以共有十種情形。在我們正式羅列，一一作嘗試錯誤檢驗前，讓我們把一些資料計算如下，以便後面使用（由第 9 行與第 10 行往上推算）。

行數　　　δ	0	1	2	3	4
第 8 行　　ⓥⓦ	60	68	76	84	92
第 6 行　　ⓝⓟⓠ	290	297	304	311	318
第 4 行 $\dfrac{\lambda=8}{\lambda=9}$ ⓘⓙ	60	68	76	84	92
	30	39	48	57	66

五、羅列後嘗試錯誤

　　現在讓我們用嘗試錯誤的方式實驗，看哪個情形是不行的，哪個情形是可以的。我決定以 $\delta = 4$ 開始，不行再試 $\delta = 3$，……。計算當然是往上推的，不行的時候，資料會自動顯示出來，如下兩頁所示：

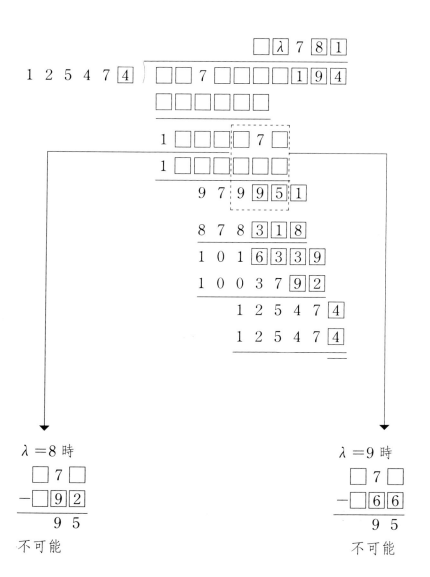

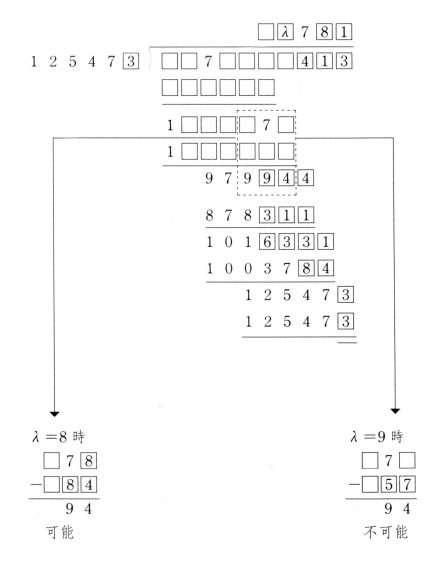

　　實際的嘗試錯誤，應該試其他剩下的六種情形，即 δ ＝2、1、0 時，λ ＝9 與 8 的情形。如果你試過，就知道這些都是會產生矛盾的不可能情形（這裡不再列出）。換句話說，唯一可能的情形就是 δ ＝3，λ ＝8 的情形。下面，我們把已得的所有資料放入下頁的除式中

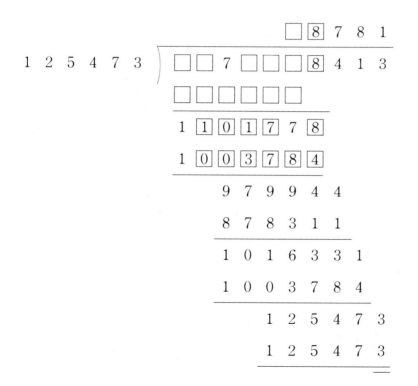

六、*最後的檢驗*

現在剩下商的最高一位數字未定，而此數字只可能是
1、2、3、4、5、6 或 7，因為　　8×125473＞1000000
把這些可能情形乘出來試算如下（乘上除數後加上第三行
的頭六位數，看結果的前面第三位數是否為 7 ）：

ε ＝1 的情形　　　　$125473 \times 1 = 125473$

$$+) \quad 110177$$
$$\overline{235650}$$
$$\underset{=}{}$$
↑──不對

ε ＝2 的情形　　　　$125473 \times 2 = 250946$

$$+) \quad 110177$$
$$\overline{361123}$$
$$\underset{=}{}$$
↑──不對

ε ＝3 的情形　　　　$125473 \times 3 = 376419$

$$+) \quad 110177$$
$$\overline{486596}$$
$$\underset{=}{}$$
↑──不對

$\varepsilon = 4$ 的情形 　　　$125473 \times 4 = 501892$

$$+\ )\quad 110177$$

$$\overline{\qquad 612069}$$

↑——不對

$\varepsilon = 5$ 的情形 　　　$125473 \times 5 = 627365$

$$+\ )\quad 110177$$

$$\overline{\qquad 737542}$$

↑——對

$\varepsilon = 6$ 的情形 　　　$125473 \times 6 = 752838$

$$+\ )\quad 110177$$

$$\overline{\qquad 863015}$$

↑——不對

$\varepsilon = 7$ 的情形 　　　$125473 \times 7 = 878311$

$$+\ )\quad 110177$$

$$\overline{\qquad 988488}$$

↑——不對

　　由上面的計算知道，商的最高一位上的數是 5，於是我們得到最後的一項資料，可以完成七七巧會的除式，如下頁的除式。

```
                                    5  8  7  8  1
                          ┌─────────────────────────
1  2  5  4  7  3  │  7  3  7  5  4  2  8  4  1  3
                     6  2  7  3  6  5
                     ─────────────────
                     1  1  0  1  7  7  8
                     1  0  0  3  7  8  4
                     ─────────────────
                        9  7  9  9  4  4
                        8  7  8  3  1  1
                        ─────────────────
                        1  0  1  6  3  3  1
                        1  0  0  3  7  8  4
                        ─────────────────
                              1  2  5  4  7  3
                              1  2  5  4  7  3
                              ─────────────────
```

七、結語

P. R. Halmos（美國數學家）在他所寫的一篇文章「數學之心」（The Heart of Mathematics，見 The American Mathematical Monthly, 87, 1980, p.519～524）中說：「每一種有意義的生活的主要部分，就是去解決所碰到的問題。」因此他相信，數學題目以及解題就是數學之心（數學活動的核心）。

1980 年之後數學教育的潮流，有兩條主流是非常清楚的：一條是如何把微電腦的使用與數學的教學結合起來，另一條則是數學解題（參看美國全國數學教師協會於 1980 年 4 月出版的「數學教育行動綱領」——NCTM, Agenda For Action；以及 1984 年 4 月出版的中小學數學課程與評量標準——NCTM, Curriculum and Evaluation Standard for School Mathematics）。

重視數學解題的意思在於，認定數學教育的目的，不在教學生學到許多的數學知識，而是透過解數學題目的過程，學會如何善用他已學到的數學知識。因為學到可能只是記住，連了解都達不到，更不用說活用了。

　　解題活動通常需要適當的題目：若題目太簡單了，學生常常只是作一些例行公式的反應；若題目太難了，則學生無從著手，他們自然做不出來。有時候老師可以提示，或要學生以小組（三或四人一組最佳）合作的方式解題，所謂三個臭皮匠，經過適當的腦力激盪後，常勝過一個諸葛亮。當然，老師最重要的是要有耐心，慢慢等學生自己做出題目來。

　　最後，我們再提供兩個題目於下一頁，給讀者玩玩。一題與本文格式一致，全題只有一個數字 8，所以命名為「孤獨的 8（爸）」。另一題則是所謂「面具數學」中的典型題目，這類題目中的每個數目字都用英文字母取代，相同的字母代表相同的數字，不同的字母則代表不同的數字。

　　這類題目中的妙趣是除了實質的數學計算要有些深度外，湊出來的英文字還要有日常生活的意思。下頁的題目，據說就是兒子寫給父親要錢的明信片，父親解出題目後，把答案連同錢一起寄給兒子。請你試試看。

①

②
$$
\begin{array}{r}
\text{S E N T} \\
+\ )\ \ \text{M O R E} \\
\hline
\text{M O N E Y}
\end{array}
$$

本文原刊載於科學教育月刊第 106 期 p.38～47，國立臺灣師範大學科學教育中心發行，1988 年 1 月出版。

第六篇　規律的覺察與數學的學習

　　對數學教材中規律的覺察，相當有助於數學的學習。譬如說，小學生背九九乘法時，特別容易記得 2 和 5 的乘法，因為其倍數的個位數字，呈現了一種簡單的規律，即 2 的倍數的個位數字都為偶數，而 5 的倍數的個位數字都是 5 或 0。

　　想辦法讓小學生發現九九乘法表中的交換律，以便幫助其記憶，是小學數學教學中的典型活動。不久之前，有位小學老師告訴我，在上述的教學活動中，他的一位學生得到一些出他意料之外的兩個規律，如下：

(一)　$7 \times 1 = \ 7$……個位數字是 7

　　　　　　　　　　　　　　　　$>7-4=3$

　　　$7 \times 2 = 14$……個位數字是 4

　　　　　　　　　　　　　　　　$>4-1=3$

　　　$7 \times 3 = 21$……個位數字是 1

　　　　　　　　　　　　　　　　$>8-1=7$

　　　$7 \times 4 = 28$……個位數字是 8

　　　　　　　　　　　　　　　　$>8-5=3$

　　　$7 \times 5 = 35$……個位數字是 5

　　　　　　　　　　　　　　　　$>5-2=3$

　　　$7 \times 6 = 42$……個位數字是 2

　　　　　　　　　　　　　　　　$>9-2=7$

　　　$7 \times 7 = 49$……個位數字是 9

　　　　　　　　　　　　　　　　$>9-6=3$

　　　$7 \times 8 = 56$……個位數字是 6

　　　　　　　　　　　　　　　　$>6-3=3$

　　　$7 \times 9 = 63$……個位數字是 3

即在乘法表中，7 的倍數的個位數字都不重複，而相鄰兩個數字的差，呈現了下列很對稱的規律：

$$3 \cdot 3 \cdot 7 \cdot 3 \cdot 3 \cdot 7 \cdot 3 \cdot 3$$

上列的數字，不管你從左唸到右，或從右唸到左，都是完全一樣的，你說巧不巧？

　　(二)　$3 \times 9 = 27$……個位數字是 7

　　　　$3 \times 8 = 24$……個位數字是 4

　　　　$3 \times 7 = 21$……個位數字是 1

　　　　$3 \times 6 = 18$……個位數字是 8

　　　　$3 \times 5 = 15$……個位數字是 5

　　　　$3 \times 4 = 12$……個位數字是 2

　　　　$3 \times 3 = \ 9$……個位數字是 9

　　　　$3 \times 2 = \ 6$……個位數字是 6

　　　　$3 \times 1 = \ 3$……個位數字是 3

即在九九乘法表中，3 的倍數的個位數字，與 7 的倍數的個位數字剛好顛倒，所以也呈現了上述相同的對稱規律。

　　老實說，這個發現使我非常驚訝。這個發現，在數學中雖然沒有什麼大用，卻帶來一份喜悅。法國數學家何密得（Charles Hermite, 1822～1901）曾寫道：在一團亂糟糟的事物中，一條小小規律的覺察，宛如黑暗中摸索時的一線光明，常引導我們到達新的數學天地。這份經過「柳暗花明又一村」帶來的喜悅，就是許多學者窮畢生之

力，研究純粹科學的內在動機。

　　對中小學學生而言，這個境界也許太高。但無疑的，每條小小規律的覺察，都帶來「我找到了」的成就感，這種成就感就是鼓勵學生學習數學最好的原動力。最起碼，一條小小規律的覺察，也會使人牢牢的記住有關的數學教材。

　　我從中學畢業已經二十多年了，但我還能記得許多我在高中時做過的數學題目，這些題目都具有令人難忘的規律。由於我在數學界服務，若舉一些基本的例子不足以令人信服。下面，我舉一個並不太常見的問題，做為例證。

【例1】圓內接四邊形的對角線，如何用其四邊長來表達？試證，在下圖中有

$$x^2 = \frac{(ac+bd)(ab+cd)}{ad+bc}$$

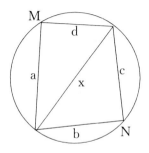

　　這個題目的證明很簡單，只用到圓內接四邊形的對角互補，與餘弦定理就可以了，其過程如下：

$$M+N=180° \to \cos M + \cos N = 0$$

$$\cos M = \frac{a^2+d^2-x^2}{2ad} \ , \ \cos N = \frac{b^2+c^2-x^2}{2bc}$$

$$\therefore \ \frac{a^2+d^2-x^2}{2ad} + \frac{b^2+c^2-x^2}{2bc} = 0$$

由此解出 x^2（計算省略），就得到要證明的式子。

　　令我感到難忘的是題目中的式子，具有輪換對稱的形式：把四個文字 a，b，c，d 兩兩互相配對，有三種方式，即 ab 與 cd，ac 與 bd，ad 與 bc，用加號取代「與」字，就是式子中分母與分子的兩對因式，而在分母的就是以對角線 x 為分界的配對。

【例2】另一個令我難忘的題目是，係數與常數項都大得出奇的二元一次聯立方程式：

$$\begin{cases} 5712x+4288y=14739 \\ 4288x+5712y=85261 \end{cases}$$

　　每一個中等以上的國中學生都能利用消去法，解出上

述的問題，只是計算很煩人。我解完後禁不住要罵出此題的人，不是瘋子就是有虐待狂。後來一想，其中或有深意焉。於是平心靜氣定眼一瞧，看出其規律如下：

$$\begin{cases} ax + by = c \\ bx + ay = d \end{cases}$$

而且 $a + b = 10000$，$c + d = 100000$。

這種形態的二元一次聯立方程式解法簡單，只要把兩式相加可得 $x + y = 10$，再利用此式消去原來一式中的某一個文字即可，計算一點也不麻煩。事後只怪自己心太急，看到題目就動手做，不肯稍微靜下來想想出題者要考的是什麼。

由此次之經驗後，我在動手做題目前，一定先考慮一下，出題者到底要解題者顯示何種能力？於是養成了與出題者鬥智的習慣，這種情形有時是很好玩的。在考試領導教學的今天，也許會有許多人感到興趣，所以我把這方面的經驗也提供給讀者做參考，下面舉例說明。

【例 3】設 $\dfrac{ac - b^2}{a - 2b + c} = \dfrac{bd - c^2}{b - 2c + d}$

試證兩者都等於 $\dfrac{ad - bc}{a - b - c + d}$

　　解題的過程是把等式乘開，加上繁長的式子運算（實在不甚有意義，在此就不列出來了）。討厭的是很難猜出題目的來由，出題者很顯然不是由一長串的式子運算中湊出來的（這種機率比中發票頭獎的機率還小）。

　　式子是有規律的，例如分子都是二次的，而分母則是一次，分子的 b^2 與 c^2 可看成為 $b \times b$ 與 $c \times c$，分子的 $2b$ 與 $2c$ 則可看成 $b+b$ 與 $c+c$ 等等。由此更可以看出，出題者在為某種事物找條件，等式於是自然出現。確定此事後，再開始找比較簡潔的解法。

　　這種問題的另一種解法是，引入一個參數 t，使得

$$\text{令} \ \frac{ac-b^2}{a-2b+c}=t \ , \ \text{則} \ \frac{bd-c^2}{b-2c+d}=t$$

把此兩式乘開得　　　　$ac-b^2=t\,(\,a-2b+c\,)$

$$bd-c^2=t\,(\,b-2c+d\,)$$

但這兩個式子並沒有引起任何靈感，直到有一天解另一個題目時用到完全平方，才想起此兩式可改寫成下列形式，兩邊加上 t^2 後，一邊可變成完成平方，另一邊則可分解因式（下面只寫其中一式的計算）：

$$ac-t(a+c)=b^2-2bt$$

$$ac-t(a+c)+t^2=b^2-2bt+t^2$$

$$(a-t)(c-t)=(b-t)^2$$

由此式知道，a－t，b－t 與 c－t 三數為等比數列。

　　同理，另一式也可寫成：

$$(b-t)(d-t)=(c-t)^2$$

即 b－t，c－t 與 d－t 三數為等比數列。把以上的兩個結果合在一起變成：a－t，b－t，c－t，d－t 四數為等比數列，即：

$$(a-t)(d-t)=(b-t)(c-t)$$

如果把此式乘開，消去等號兩邊的 t^2，解出 t 來（計算省略）就得到要求的式子。

　　我很確定這就是出題者得到此等式的過程。雖然前後花了幾個星期的辛苦思索，但心情愉快無比。

　　下一個例子取自霍氏與奈氏的「高等代數」（Higher Algebra, by Hall & Knight, Cambridge University Press）。此書是民國四十年代在台灣很流行的數學難題選集，因為當時的大專聯考，數學專考難題。

【例4】 設 $a=zb+yc$，$b=xc+za$，$c=ya+xb$

試證 $\dfrac{a^2}{1-x^2} = \dfrac{b^2}{1-y^2} = \dfrac{c^2}{1-z^2}$

本題的解法難不住中等以上的高中學生，但我們的興趣在於猜測出題者，如何得到此題。

其實，本題的形式雖是個代數題目，但基本上是一個三角題目，筆者猜測霍氏與奈氏是如此想的：

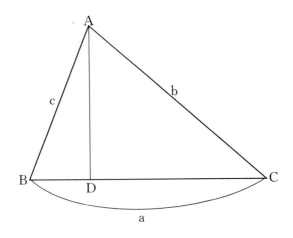

如果在上圖中，我們令

$$a=\overline{BC} \quad , \quad b=\overline{CA} \quad , \quad c=\overline{AB}$$

$$x=\cos A \quad , \quad y=\cos B \quad , \quad z=\cos C$$

又設 D 為 A 到其對邊 $\overline{BC}$ 的垂直點，則顯然有

$$a = \overline{DC} + \overline{BD}$$

$$= b \cdot \cos C + c \cdot \cos B$$

$$= bz + cy$$

同理可得

$$b = cx + az$$

$$c = ay + bx$$

要證明的式子，則是正弦定理的平方

因為　　　$\dfrac{a}{\sin A} = \dfrac{b}{\sin B} = \dfrac{c}{\sin C}$

所以　　　$\dfrac{a^2}{\sin^2 A} = \dfrac{b^2}{\sin^2 B} = \dfrac{c^2}{\sin^2 C}$

由於　　　$\sin^2 A = 1 - \cos^2 A = 1 - x^2$

$$\sin^2 B = 1 - \cos^2 B = 1 - y^2$$

$$\sin^2 C = 1 - \cos^2 C = 1 - z^2$$

代入即得

$$\frac{a^2}{1 - x^2} = \frac{b^2}{1 - y^2} = \frac{c^2}{1 - z^2}$$

　　令人奇怪的是，如此由三角出發的題目，最後的面目看起來與三角完全無關。這是數學出題者最狡猾的地方，我的經驗告訴我，這是數學出題者的通性，數學解題者宜慎乎哉。

　　本文原想談數學教材中的規律,後來卻談到如何與出題者鬥智。雖然有違本意,但是由此可見,數學題目皆有其出處規律,勉強算是離本題不遠。而且,兩者都與「如何在學習數學中找出樂趣」有關。目前中小學數學教育的缺點,是學生覺得學數學是件很痛苦的事情,特此提供小經驗作為數學教學者的參考。

本文原刊載於科學教育月刊第 42 期,國立台灣師範大學科學教育中心發行,1981 年 9 月出版。本文曾作部分改寫。

第七篇　再談數學教材中的規律

在所要討論的一大堆事物中，找出規律，是數學裡一般使用的研究方式。所以，在中小學的數學教材內，我們歸納出不少規律。這些規律當中，有些是顯而易見的，有些則需要特別點明，才看得清楚。

有趣的是，前人發現的一些重要數學規律，如果後來失傳，或因種種原因而沒有流傳出去，則後人在研究相關的數學材料時，一定會重新發現這些規律。所以，發現這些規律的功勞，到底該記在誰的頭上呢？這是數學史上常起爭論的課題。

數學史上最大的爭議，是微積分的發明，這功勞應屬於牛頓（I. Newton, 1642～1727，英國人），或萊布尼茲（G. W. von Leibniz, 1646～1716，德國人）？

本來在牛頓與萊布尼茲之前，其他的數學家已得到微分與積分的個別結果。牛頓首先把這些結果整理成一門學問，但他沒有寫論文發表。幾年後，萊布尼茲也獨立地完成了整理工作，並寫成論文發表。

到了他們的晚年，這個爭議由兩人的學生門徒開始，而發展成為英國數學家（擁護牛頓），與歐洲數學家（支持萊布尼茲）之間的大爭議。最後，英國的數學家索性跟歐洲的數學家斷絕往來達幾十年之久。這件很失英國人最

講究的紳士風度的舉動，使英國的數學進展落後歐洲將近一百年。

其實，牛頓與萊布尼茲都是彬彬君子，都對此不光榮的爭議深惡痛絕。尤其是牛頓，自從他早期的一篇光學論文中的一些結果，受到其他科學家的攻擊之後，由於他極端地厭惡爭論，乃發誓以後不再發表論文。他的其他研究成果，都是他死後，由他的學生門徒幫他整理後發表的。

數學史上的另一件爭議，也牽涉到一篇沒有發表的論文。數學王子高斯（C. F. Gauss, 1777～1855，德國人）素來是個完美主義者，當他認為論文尚未完全之前，絕不發表。他為自己選的拉丁文墓誌銘是：

$$Pauca \quad sed \quad matura$$

（他只生產了幾個果實，但都成熟而且甜美）

高斯是個很謙遜的人，雖然他不善交際，也沒有多少朋友，但他卻享有盛名。據說，曾有人問拉卜拉士（P. S. Laplace, 1749～1827，法國數學家兼天文學家）：德國當代最有名的數學家是誰？拉氏的答案非常出人意料之外，竟然是巴夫（Paff），一位不算重要的數學家。於是再問：那高斯呢？拉氏答曰：高斯是全歐洲最有名的數學家。

上述的軼事說明了，高斯在同時代的數學家心目中，有多高的評價。因此，高斯不發表他自己認為不滿意的研究成果，這件事就造成他同輩數學家的許多不便。因為他們常在作出一項研究成果後，發現高斯早就得到了相同的結果。

德國數學家賈可比（K. G. J. Jacobi, 1804～1851）在吃了幾次上述的悶虧之後，終於報復了一次：賈氏有次去拜訪高斯，說明他最近得到的研究結果時，與前幾次一樣，高斯又從抽屜裡抽出一篇論文說：這篇論文寫了很久了，但不夠好，所以沒發表。賈氏一看，該論文所包含的結果，遠超過他自己的新結果。賈氏故意諷刺他說：你發表過一些比這篇還差的論文哪！

匈牙利數學家波耶（W. Bolyai, 1775～1856）是高斯的同學，其子小波耶（J. Bolyai, 1802～1860）雖然身為軍官，但由於深受其父影響，對數學的研究頗為熱中。小波耶寫了一篇有關非歐幾里得幾何存在的論文，老波耶雖不同意他的結果，還是附在自己寫的數學書後當作附錄加以發表。老波耶因對其子的結果心存疑慮，乃寄了一份請高斯批評。高斯的回信摘錄如下：

……。你大概會訝異於我無法對這樣美妙的數學成果

　加以讚詞，因爲這些讚詞會等於自我誇獎——在十年
前我所寫的一篇未發表的論文中，得到了與令郎完全
一樣的結果，……

小波耶很生氣自己的研究成果功勞要與高斯共享，但後來
他發現，俄國數學家羅巴契夫斯基（Lobachevsky, 1793
～1856）早他三年也以俄文發表了同樣的成果，就不那麼
不高興了。

　　數學史上有一則偷別人發明功勞的故事，如下：一元
三次方程式的公式解叫卡丹諾（G. Cardano, 1501～1576，
義大利人）公式，因為這個公式首先發表在他所寫的代數
書「偉大的技術」（Ars Magna）上。但根據某些數學
史書中的說法，此公式的發明人本來是卡丹諾的好友他打
哥里亞（N. Tartaglia, 1499～1557，義大利人）。

　　原來他們所處的十六世紀，數學家的生活都很苦，除
了岳他（Francois Viete, 1540～1603，法國人）等少數
幾個有錢階級外，其他數學家都靠賭博與參加「數學決
鬥」來賺錢過活，或做貴族的供奉。數學決鬥常由有錢貴
族出彩金贊助，對擂的兩個數學家互出若干難題（題數預
先商量好）考對方，勝的一方得彩金。

　　他氏發明了此公式後，每次決鬥都贏彩金，所以不肯發表。但在好友卡丹諾的苦苦哀求之下，就把公式告訴卡丹諾，條件是不能發表。誰知卡丹諾不守諾言，將公式發表（他同時也把自己的徒弟 Ferrari 發明的解一般四次方程式的方法，一併當作自己的成果發表），自己因此而成名，但他氏卻活活被氣死。

乘方求廉圖						左積		右隅
本積				一				
商除				一		一		
平方			一		二		一	
立方		一		三		三		一
三乘	一		四		六		四	一
四乘	一	五		十		十	五	一
五乘	一	六	十五		二十	十五	六	一

命實而除之。　以廉乘商方。　中藏者皆廉。　右衰乃隅算。　左衰乃積數。

　　上面，我們脫離了本題，說了許多數學史中有關發明功勞的爭議故事。下面，我們由一件與我國數學家的發明功勞有關的事件，轉入本題。

　　我國宋朝的數學家為了要解高次的方程式，創出了楊輝三角，如下圖所示：

古法七乘方圖

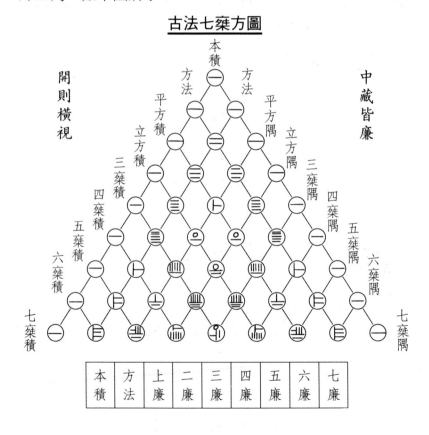

上頁的圖出於楊輝（宋朝人）所著的「詳解九章算法」一書，他在書中稱上頁的圖為「開方作法本源」，我國後來的數學家，有人稱之為「乘方求廉圖」，或「古法七乘方圖」。因為這些名字實在又長又難記，我們現在都把它簡稱為「楊輝三角」。

按照楊輝的說法，此圖並不是他創的，而是他從另一本算經「釋鎖算書」中抄來的。但「釋鎖算書」已經失傳，所以也無從查出原創者是誰了。照上述算經的出版年代推算，楊輝三角的出現應該不遲於 1200 年。

由於語言與地域的障礙，加上交通與貿易的隔絕，楊輝三角並沒有從我國傳到歐洲去。但楊輝三角所牽涉的數學材料實在太廣，用處也太大，所以四百年後，法國數學家巴斯卡（Blaise Pascal, 1623～1662）再度把它創出來，如我們常在高中數學教科書中見到的樣子：

$$
\begin{array}{ccccccccccc}
 & & & & & 1 & & & & & \\
 & & & & 1 & & 1 & & & & \\
 & & & 1 & & 2 & & 1 & & & \\
 & & 1 & & 3 & & 3 & & 1 & & \\
 & 1 & & 4 & & 6 & & 4 & & 1 & \\
1 & & 5 & & 10 & & 10 & & 5 & & 1 \\
\end{array}
$$

. . . .

　　西方人寫數學史，當然把發明的功勞歸給巴斯卡。我
國的中學數學課本，因大部分作者受西方影響太深，也把
它稱為巴斯卡三角，實在令人遺憾。

　　楊輝三角的常見用法，恕不多談（參閱任一套的高中
數學課本）。下面舉一個不那麼常見的用法：在下面正切
函數的複角公式中

$$\tan(A+B) = \frac{\tan A + \tan B}{1 - \tan A \cdot \tan B}$$

令 $A = \theta$，B 則逐次用 θ，2θ，3θ，……代入，並在各
式中，令 $t = \tan\theta$ 代入，化簡可得：

$$\tan 2\theta = \frac{2t}{1 - t^2}$$

$$\tan 3\theta = \frac{3t - t^3}{1 - 3t^2}$$

$$\tan 4\theta = \frac{4t - 4t^3}{1 - 6t^2 + t^4}$$

$$\tan 5\theta = \frac{5t - 10t^3 + t^5}{1 - 10t^2 + 5t^4}$$

　　上面各式中分母與分子的係數（正負數不記），剛好
是楊輝三角中的數字。當然，讀者不難看出下列的規律：

其順序是按先分母後分子輪流出現的，分子或分母的各係數都是正負相間，且第一項的係數一定是正的。你能由這個規律，寫出 $\tan n\theta$ 的展開式嗎？並能用數學歸納法加以證明嗎？

楊輝三角是數學教材中顯而易見的規律，有些規律則不如此地明顯。讓我們以下例說明：已知一元二次方程式

$$ax^2 + 2bx + c = 0$$

有重根的條件是 $b^2 - ac = 0$；下面的一元三次方程式

$$ax^3 + 3bx^2 + 3cx + d = 0$$

有一個二重根的條件為何？（三重根的條件，讀者應可以自行由楊輝三角中找出來，這裡就不多談了。）

設上述方程式的二重根為 α，而另一根為 β，則

$$ax^3 + 3bx^2 + 3cx + d$$
$$= a(x - \alpha)^2(x - \beta)$$

把上述的等號兩邊乘開後，比較兩邊係數，可得：

$$3\frac{b}{a} = -2\alpha - \beta \cdots\cdots\cdots\cdots ①$$

$$3\frac{c}{a} = \alpha^2 + 2\alpha \cdot \beta \cdots\cdots\cdots\cdots ②$$

$$\frac{d}{a} = -\alpha^2\beta \cdots\cdots\cdots\cdots ③$$

由上述的三式中消去 α 與 β，即可得到所要求的條件，其過程簡略如下：

先把①式改寫成

$$\beta = -2\alpha - 3\frac{b}{a} \quad\cdots\cdots\cdots\cdots \text{④}$$

代入②式得：

$$3\frac{c}{a} = \alpha^2 + 2\alpha(-2\alpha - 3\frac{b}{a})$$

$$= -3\alpha^2 - 6\alpha\frac{b}{a}$$

把此式等號兩邊除以 3 後，可改寫成

$$\alpha^2 = -2\alpha \cdot \frac{b}{a} - \frac{c}{a} \quad\cdots\cdots\cdots\cdots\text{⑤}$$

把④式和⑤式代入③式後，化簡可得（計算從略）：

$$\frac{d}{a} = \frac{bc}{a^2} + 2\alpha(\frac{b^2}{a^2} - \frac{c}{a})$$

由此式解出 α，可得：

$$\alpha = \frac{ad - bc}{2(b^2 - ac)} \quad\cdots\cdots\cdots\cdots\text{⑥}$$

再把⑥式代入⑤式後，化簡可得（計算從略）：

$$(ad-bc)^2-4(b^2-ac)(c^2-bd)=0$$

這就是所要求的條件。我們也可把它展開如下：

$$a^2d^2-6abcd+4b^3d+4ac^3-3b^2c^2=0$$

上式就是我們要找的條件等式。

上面得到的條件等式並不是很漂亮的式子，其實有點令人嫌其繁長，而且乍看之下好像也沒有什麼規律可言。但是數學中的一個通則是：像這樣出現得很自然的條件等式，一定有某種微妙的平衡。

仔細檢查條件等式之後，我們可以寫出下列三條並不十分明顯的規律如下（有趣的是，這些規律對一元二次方程式 $ax^2+2bx+c=0$ 有重根的判別式 $b^2-ac=0$ 的條件也是合適的，請讀者自行檢查）：

㈠各項係數的和等於零。

㈡是文字 a，b，c 與 d 的一個齊次式。

㈢如果把出現的文字按它們在原方程式中出現的順序，連續加權，則各項的權相等。

對上述規律中的第三條，我們略加說明如下：在方程式

$$ax^3+3bx^2+3cx+d=0$$

中，文字出現的順序是 a、b、c、d，如果我們令它們的

權依次為 0、1、2、3（也可依次定為 3、2、1、0），則
條件等式中各項的權依次為：

$$a^2d^2 \text{ 的權為 } 0+0+3+3=6$$
$$abcd \text{ 的權為 } 0+1+2+3=6$$
$$b^3d \text{ 的權為 } 1+1+1+3=6$$
$$ac^3 \text{ 的權為 } 0+2+2+2=6$$
$$b^2c^2 \text{ 的權為 } 1+1+2+2=6$$

這三條規律得來似乎有點牽強，但在檢查計算時卻非常管
用。訓練有素的數學家經常不自覺地使用這三條規律來檢
查他們自己或別人求得的條件等式（當數學老師改學生考
卷時最好用）：

　　第一條檢查係數，

　　第二條檢查各文字的指數，

　　第三條檢查各文字出現的順序。

對這三條規律能否自覺或不自覺地加以使用，與此人在數
學上的基本訓練的功力成正相關：這種基本訓練功力不夠
的人計算出的條件等式常令人覺得很「不成形」，而功力
夠的人則不易出錯。

　　為什麼這種功力夠的人會不自覺地用到這三條規律呢？這似乎是很奇怪的現象。下面，我們從幾何的觀點來加以解釋，讀者即可一目了然：設

$$y=f(x)=ax^3+3bx^2+3cx+d$$

則三次方程式 f（x）＝0 有一個二重根時，其圖形基本上如下圖所示。其中 f（x）＝0 的根，就是曲線 y＝f（x）與 x 軸相交的點的 x 坐標。

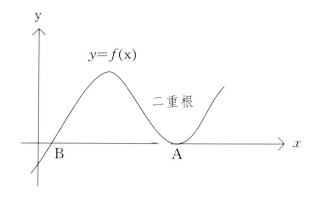

假設上圖是畫在橡皮上，則把橡皮沿 y 軸拉長或縮短時，並不會改變曲線 y＝f（x）切 x 軸於 A 點的事實。

　　因為當我們把橡皮坐標平面，沿 y 軸拉長或縮短（x 軸不受影響）時，實際上的意義是改變 y 軸上的單位長。譬如說，y 軸上的舊單位，在新單位的度量下為 k（k 定大於 0，叫做伸縮係數，0＜k＜1 時為縮短，k＞1 時為

拉長），則一點的舊坐標（x，y）與拉長或縮短後的新坐標（$\bar{x}$，$\bar{y}$）間有下列關係：

$$\bar{x}=x，\bar{y}=ky$$

顯然，切點 A 在新舊坐標系下的坐標一樣是（α，0），曲線的解析式則由 y＝f（x）變成了 $\bar{y}$＝kf（$\bar{x}$）。但是，β 仍然是方程式 kf（$\bar{x}$）＝0 的二重根，換句話說，曲線 $\bar{y}$＝kf（$\bar{x}$）與 $\bar{x}$ 軸仍然在 A＝（α，0）相交兩次，即相切。

　　方程式變成 kf（$\bar{x}$）＝0 之後，原來的條件等式中的各項係數變化如下：

$$a^2d^2 \rightarrow (ak)^2(dk)^2 = k^4a^2d^2$$

$$\cdots\cdots\cdots\cdots \quad 係數為k^4$$

$$-6abcd \rightarrow -6(ak)(bk)(ck)(dk)$$

$$= -6k^4abcd \cdots\cdots\cdots \quad 係數為-6k^4$$

$$4b^3d \rightarrow 4(bk)^3(dk) = 4k^4b^3d$$

$$\cdots\cdots\cdots\cdots \quad 係數為4k^4$$

$$4ac^3 \rightarrow 4(ak)(ck)^3 = 4k^4ac^3$$

$$\cdots\cdots\cdots\cdots \quad 係數為4k^4$$

$$-3b^2c^2 \rightarrow -3(bk)^2(ck)^2 = -3k^4b^2c^2$$

$$\cdots\cdots\cdots\cdots \quad 係數為-3k^4$$

由上面的變化情形知道，條件等式中的各係數之和仍然為 0，這就是條件等式為什麼一定得為齊次式的原因了。

同理，若我們將橡皮坐標平面，沿 x 軸拉長或縮短（而不涉及 y 軸）時，可設伸縮係數為 k，則一點的舊坐標（x，y）與新坐標（$\bar{x}$，$\bar{y}$）之間必有如下列的關係：

$$\bar{x} = kx，\bar{y} = y$$

此時，切點 A 的坐標由（α，0）變成為（kα，0），而曲線的解析式則由 y＝f（x）變成為 $\bar{y}$＝f（$\dfrac{\bar{x}}{k}$）。但是，kα 是方程式 f（$\dfrac{\bar{x}}{k}$）＝0 的兩重根，換句話說，A 點仍然是 $\bar{x}$ 軸與曲線 $\bar{y}$＝f（$\dfrac{\bar{x}}{k}$）的兩重交點，即曲線與 $\bar{x}$ 軸相切於 A 點。下面看看方程式變化後，條件等式變化的情形：

$$f（\frac{\bar{x}}{k}）= \frac{a}{k^3}\bar{x}^3 + 3\frac{b}{k^2}\bar{x}^2 + 3\frac{c}{k}\bar{x} + d$$

所以條件等式中的各項為

$$a^2d^2 \rightarrow （\frac{a}{k^3}）^2 \cdot d^2 = \frac{a^2d^2}{k^6}$$

$$abcd \rightarrow \frac{a}{k^3} \cdot \frac{b}{k^2} \cdot \frac{c}{k} \cdot d = \frac{abcd}{k^6}$$

$$b^3d \rightarrow (\frac{b}{k^2})^3 \cdot d = \frac{b^3d}{k^6}$$

$$ac^3 \rightarrow \frac{a}{k^3} \cdot (\frac{c}{k})^3 = \frac{ac^3}{k^6}$$

$$b^2c^2 \rightarrow (\frac{b}{k^2})^2 (\frac{c}{k})^2 = \frac{b^2c^2}{k^6}$$

現在把 a，b，c，d 依次加權，則不論 k 的權為多少，規律㈢依舊滿足（見 129 頁）。

規律㈠則比較特別，它其實是連方程式有三重根時都滿足的，譬如說，a＝b＝c＝d＝1 時，即

$$x^3 + 3x^2 + 3x + 1 = 0$$

的方程式滿足規律㈠。甚至於方程式 $(x+1)^n = 0$ 都滿足此規律。這些詳細的檢查工作，留給讀者作為練習。

看了上述由幾何觀點所作的解釋，讀者諒能體會到，數學基本訓練夠的人，由於對上述的幾何運作非常熟悉，所以他們並不需要知道這些規律就能加以應用。

作為以上說明的應用，讓我們看下面的問題：試求方程式

$$ax^3+3bx^2+3cx+d=0$$

有三實根，且一根恰為另兩根中點的條件等式。

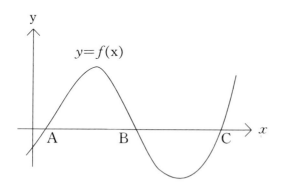

$y=f(\mathrm{x})$

設函數 $y=f（x）=ax^3+3bx^2+3cx+d$ 的圖形如上面的圖示，則上述方程式的三根就是此函數曲線與 x 軸的三個交點之 x 坐標。設 $A=（α，0）$，$B=（β，0）$，$C=（γ，0）$，則因 B 點為 A 點與 C 點之中點，所以得到下列關係：

$$2\beta = \alpha + \gamma$$

由於一根剛好位於另二根的中點的事實，並不因為我們把橡皮（假設上圖也是畫在橡皮上）沿 x 軸或 y 軸方向拉長或縮短，而有所改變。同時 $(x+1)^3=0$ 的一根也可以看成恰在另兩根的中點，所以我們求出來的條件等式，也應該滿足上述的三條規律。

　　下面，讓我們來求這個條件等式（數學文章的讀者應該養成良好的習慣，在這種地方立刻停下，自己拿出紙和筆，立刻算一算，到算出來或自己覺得實在算不出來的時候才接下去讀）。這個條件等式的求法相當簡單：設三根為 $\beta - t$，β 與 $\beta + t$，則

$$ax^3 + 3bx^2 + 3cx + d$$
$$= a(x - \beta + t)(x - \beta)(x - \beta - t)$$

把上式等號右邊展開，比較兩邊係數可得：

$$\frac{b}{a} = -\beta \quad \cdots\cdots\cdots\cdots\cdots\cdots\cdots ⑦$$

$$3\frac{c}{a} = 3\beta^2 - t^2 \quad \cdots\cdots\cdots\cdots\cdots\cdots ⑧$$

$$\frac{d}{a} = -\beta^3 + t^2\beta \quad \cdots\cdots\cdots\cdots\cdots ⑨$$

把⑦式代入⑧式，移項可得：

$$t^2 = 3\frac{b^2 - ac}{a^2}$$

把此式與⑦式代入⑨式化簡可得條件等式如下：

$$2b^3 - 3abc + a^2d = 0$$

請讀者立刻檢查一下：我們求出來的條件等式，是否滿足

上式的三條規律？答案應該是肯定的。

　　由此看來，這三條規律開始雖然不太起眼，後來卻愈來愈有味道。數學中所尋找的規律，是適用的範圍愈廣，規律愈好則愈重要。但要達到這個地步，就得作更強烈的抽象，使所談到的規律脫離具體的實例，所以看起來令人覺得很空洞，很不起眼。

　　有趣的是，問題愈抽象，解決起來常常反而愈容易，非數學圈內人常不能理解這件事。下面，我們以一個簡單的例子來說明此事。

　　設有甲、乙兩容器，甲容器中盛有 10 杯水，乙容器則有 10 杯酒精。現把甲容器中的水倒一杯到乙容器，攪勻後再從乙容器倒一杯酒精和水的混合液體到甲容器。問現在甲容器中的水，和乙容器中的酒精是否一樣多？

　　計算是連小學六年級的學生都會的：乙容器中原有 10 杯酒精，加入一杯水後變成 11 杯，攪勻後的一杯包含了 $\frac{1}{11}$ 杯的水，加入甲容器後，連同甲容器中原有的 9 杯水，共有 $9+\frac{1}{11}$ 杯水，而乙容器中的酒精量，即是 $10-\frac{10}{11}$ $=9\frac{1}{11}$ 杯，所以相等。

　　這樣的解決方法並沒有不對，問題在於解決後使人感到答案很湊巧，好像問題是湊出來的一樣。

　　如果我們改變一下解法，則不會使人有這種感覺：最後甲乙兩容器一樣有 10 杯，甲容器中損失的水一定跑到乙容器中去了，而乙容器中損失的酒精一定跑到甲容器。如果它們損失的量不一樣多，則兩容器最後的液體量一定無法一樣。譬如說，甲損失 x 杯水，乙損失 y 杯酒精，則：

　　　　甲最後的液量是 $10-x+y=10$

　　　　乙最後的液量是 $10+x-y=10$

　　　　這兩式都可簡化成 $x=y$。

　　其實，上述例子清楚地顯示了物理中最基本的定律之一 ——**質量不滅定律**（Conservation of quantities）。

　　由這種說法看來，甲乙兩容器中的水量和酒精量並不一定要 10 杯（任意杯都可以），而且倒來倒去的過程可以隨意，不一定只限於一次來回（只要最後兩容器中的液量一樣多就可以了），甚至於倒來倒去之後也不用攪勻。

　　可以看到，如果問題提出來時是採用上段的敘述法，問題顯然變得抽象了（因為無法實際計算；也無法想像其操作），但解決問題後所得到的原則與規律，其適用性就

會廣泛得多，且解決的手段也容易多了（至少不用作任何計算）。其實，現在所謂高等的數學，所走的路子就是沿著這個方向發展的。

本文原刊載於科學教育月刊第 43 期，國立台灣師範大學科學教育中心發行，1981 年 11 月出版。本文曾作部分改寫。

第八篇　數學歸納法

一、觀察與猜想

人類在日常生活中，常常「察顏辨色」然後再決定行動，這裡的「察顏辨色」並不是指想拍上司馬屁，專看上司顏色行事的人，而是指觀察一個人所處的周遭環境的工作。譬如說：

(一)出門前看看天色，若烏雲密佈，少不了帶把傘；過馬路時先看看兩邊來的車子；

(二)冬秋之際，氣溫變化大，室內外的溫度相差時大時小，出門前看看門外掛的溫度計（溫差非肉眼所能覺察的，伸手門外探探，有時也可覺察），看是否該加件衣服等等。

觀察的功夫，在科學界更是少不了的。天文學家時常要到天文臺去察看星象，鳥類學家要觀察鳥類的活動，物理學家與化學家免不了要做實驗（因為他們要觀察的現象，有時不是肉眼所能覺察的）。

數學家解數學題目時，也常對要攻擊的問題先做一番觀察的功夫。我們先從幾個例子，看看數學家是如何由觀察得到結果的。

【例1】對任何自然數 n，下面的和是多少？

$$S_n = \frac{1}{1 \cdot 2} + \frac{1}{2 \cdot 3} + \frac{1}{3 \cdot 4} + \cdots\cdots + \frac{1}{n(n+1)}$$

觀察一定要有可供觀察的具體事物，上式太過於空泛，所以我們令式中的 n＝1，2，3，4，5，算出其結果，仔細檢查，看看是否有明顯的規律？

$$S_1 = \frac{1}{1 \cdot 2} = \frac{1}{2}$$

$$S_2 = \frac{1}{1 \cdot 2} + \frac{1}{2 \cdot 3} = \frac{2}{3}$$

$$S_3 = \frac{1}{1 \cdot 2} + \frac{1}{2 \cdot 3} + \frac{1}{3 \cdot 4} = \frac{3}{4}$$

$$S_4 = \frac{1}{1 \cdot 2} + \frac{1}{2 \cdot 3} + \frac{1}{3 \cdot 4} + \frac{1}{4 \cdot 5} = \frac{4}{5}$$

$$S_5 = \frac{1}{1 \cdot 2} + \frac{1}{2 \cdot 3} + \frac{1}{3 \cdot 4} + \frac{1}{4 \cdot 5} + \frac{1}{5 \cdot 6} = \frac{5}{6}$$

由以上的觀察，我們猜想 $S_n = \dfrac{n}{n+1}$

【例2】對任何自然數 n，下面的和是多少？

$$S_n = 1^3 + 2^3 + 3^3 + \cdots\cdots\cdots + n^3$$

仿照上例，讓我們檢查一下：

$S_1 = 1^3 = 1 = 1^2$

$S_2 = 1^3 + 2^3 = 1 + 8 = 9 = 3^2$

$S_3 = 1^3 + 2^3 + 3^3 = 1 + 8 + 27 = 36 = 6^2$

$S_4 = 1^3 + 2^3 + 3^3 + 4^3 = 1 + 8 + 27 + 64 = 100 = 10^2$

$S_5 = 1^3 + 2^3 + 3^3 + 4^3 + 5^3 = 1 + 8 + 27 + 64 + 125 = 225 = 15^2$

由此觀察，知道 S_1 到 S_5 都是平方數，但 1，3，6，10，15 的出現方式又有什麼規律呢？如何把 1 與 1，2 與 3，3 與 6，4 與 10，5 與 15 關聯起來？進一步的觀察指出：

$$S_1 = 1^2 \text{，} 1 = \frac{1 \cdot (1+1)}{2}$$

$$S_2 = 3^2 \text{，} 3 = \frac{2 \cdot (2+1)}{2}$$

$$S_3 = 6^2 \text{，} 6 = \frac{3 \cdot (3+1)}{2}$$

$$S_4 = 10^2 \text{，} 10 = \frac{4 \cdot (4+1)}{2}$$

$$S_5 = 15^2 \text{，} 15 = \frac{5 \cdot (5+1)}{2}$$

所以，我們猜測 $S_n = \left[\frac{n(n+1)}{2}\right]^2$

【例 3】 $S_n = n^2 + n + 41$（n 為自然數），也是有趣的例子。

n＝1 時，$S_1 = 1 + 1 + 41 = 43$

n＝2 時，$S_2 = 4 + 2 + 41 = 47$

n＝3 時，$S_3 = 9 + 3 + 41 = 53$

n＝4 時，$S_4 = 16 + 4 + 41 = 61$

n＝5 時，$S_5 = 25 + 5 + 41 = 71$

43，47，53，61，71 的出現方式，似乎沒有規律可循。但是，我們看到，它們都是質數（質數的定義，請參見任一套高中數學課本），因此我們猜測 S_n 都是質數。

【例 4】 下面的一群式子，都是把偶數分解成兩數的和：

$$6 = 3 + 3 \qquad\qquad 14 = 3 + 11 = 7 + 7$$
$$8 = 3 + 5 \qquad\qquad 16 = 3 + 13 = 5 + 11$$
$$10 = 3 + 7 = 5 + 5 \qquad 18 = 11 + 7 = 5 + 13$$
$$12 = 5 + 7 \qquad\qquad 20 = 13 + 7 = 17 + 3$$

在這些式子中，等號的右邊都是兩個奇質數的和，因此我們寫下這樣的猜測：

大於 4 的偶數＝奇質數＋奇質數

你對這個猜測有信心嗎？不管有沒有，把接下來的幾個偶數（如 22 與 24）拿來檢查總是個不錯的主意。

【例5】一平面上的 n 條線，若每兩條都不平行，且每三條都不交於同一點時，數學上稱這 n 條直線在一般的位置上（in general position）。問在一般位置上的 n 條直線，把平面分割成幾塊？

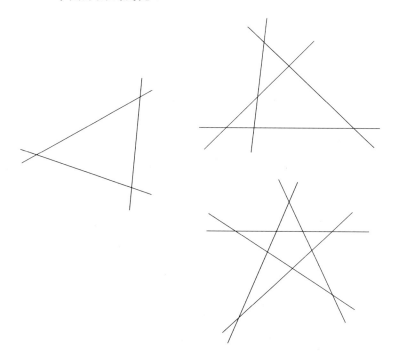

　　像這樣的數學題目，一定要先畫圖看看。在 n＝1 及 n＝2 時太簡單，沒什麼好觀察的，所以在上圖中，我們畫的是 3 條線，4 條線及 5 條線的情形。我們把算出來的結果，放在下頁的表中：

直線數	塊數
1	2
2	4
3	7
4	11
5	16

　　從以上的表，我們實在看不出任何關聯。碰到這種情形我們免不了要失望，以為我們實在沒有數學能力。這種時候，絕對不能灰心。人一灰心，萬事無成。我們應該想到，即使我的數學頭腦比別人差，我也應該能做出一些事情來。孫中山先生不是說過：「能力大的人做大事，能力小的人做小事」嗎？若覺得我們暫時做不出較難的問題，就做容易的題目吧！哦！請千萬不要誤會，我沒有勸你放棄這道題目，而是希望把這個題目變得簡單一點。

　　是的，怎樣變呢？如果把這個題目看成切蛋糕，簡單的題目就是切甘蔗。為什麼是切甘蔗呢？因為蛋糕與平面是 2 維的，而簡單一點的問題就是 1 維的情形：用點來分割一條直線，這不是與用刀切甘蔗是同一回事嗎？一根甘蔗，一刀分成兩段，二刀分成三段，三刀分成四段，四刀分成五段，如此分下去，應該不會有任何困難吧！

　　但這有什麼用呢？且慢嘆氣，試著把這兩種觀察的結果，放在同一個表內：

點或直線的數目 n	直線被分成的段數 T_n	平面被分成的塊數 S_n
1	2	2
2	3	4＝2＋2
3	4	7＝3＋4
4	5	11＝4＋7
5	6	16＝5＋11

　　看出什麼關係沒有？好，我們仔細地說明一下：第一列的第二行及第三行的兩個數加起來，恰好是第二列第三行的數字

$$2＋2＝4 \quad 即 \quad T_1＋S_1＝S_2$$

第二列第二行與第三行的數加起來，恰好是第三列第三行的數

$$3＋4＝7 \quad 即 \quad T_2＋S_2＝S_3$$

　　同理，我們可以得到第三、四列，以及第四、五列間的關係如下：

$$4＋7＝11 \quad 即 \quad T_3＋S_3＝S_4$$

$$5＋11＝16 \quad 即 \quad T_4＋S_4＝S_5$$

　　所以如果我們用 T_n 表示直線被 n 個點分成的段數，S_n 表示平面被 n 條直線分割成的塊數，我們的猜想是：

$$S_n = T_{n-1} + S_{n-1}$$

　　為了使我們更加相信自己的猜測起見，我們不妨再畫一個圖來看看，是否有 $6+16=22$ 的關係？

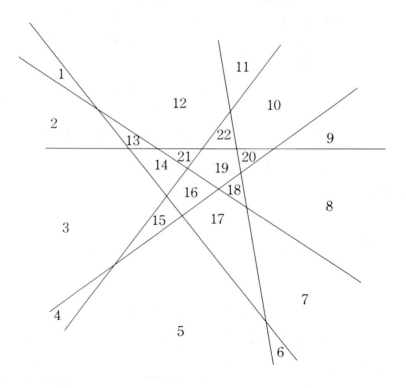

　　上圖顯示的，剛好是 6 條直線把平面分割成 22 塊，因此我們可以安心了。

上述的猜測，看起來好像沒有解決我們的問題，但仔細地看一下，如果這個猜測正確（證明見本文下一節），那麼

$S_n = T_{n-1} + S_{n-1}$

$\quad = T_{n-1} + T_{n-2} + S_{n-2}$

$\quad = T_{n-1} + T_{n-2} + T_{n-3} + S_{n-3}$

$\quad = \cdots\cdots\cdots\cdots\cdots\cdots\cdots\cdots$

$\quad = T_{n-1} + T_{n-2} + T_{n-3} + \cdots\cdots + T_2 + T_1 + S_1$

$\quad = n + （n-1） + （n-2） + \cdots\cdots + 3 + 2 + 2$

$\quad = n + （n-1） + （n-2） + \cdots\cdots + 3 + 2 + 1 + 1$

$\quad = \dfrac{n（n+1）}{2} + 1$

所以我們猜測平面被 n 條線分成 $\dfrac{n（n+1）}{2} + 1$ 塊。

二、數學歸納法

上節的幾個例子，由觀察後都得到漂亮的猜測。若不能加以證明，我們得到的，只不過是比較有根據的猜測，究竟還不是事實，但是要怎樣加以證明呢？

　　數學家也是凡人，他們的第一個想法，與你我一樣，是「再繼續算下去，說不定這些猜測對某個自然數 n 是錯的呢！即使不然，也許能找到一點頭緒，能夠由前面一步推到下面一步。」於是他們耐心地算下去（他們的長處就是耐心比別人強）。是的，許多猜測就因此被推翻了，而許多猜測也因此被證實了，雖然，有些題目的計算較多，有些題目則比較容易。

【例1】德國的大哲學家兼數學家萊布尼茲由下列的觀察：

$$2^3 - 2 = 6 = 3 \times 2$$
$$2^5 - 2 = 30 = 5 \times 6$$
$$2^7 - 2 = 126 = 7 \times 18$$
$$3^3 - 3 = 24 = 3 \times 8$$
$$3^5 - 3 = 240 = 5 \times 48$$
$$3^7 - 3 = 2184 = 7 \times 312$$
$$4^3 - 4 = 60 = 3 \times 20$$
$$4^5 - 4 = 1020 = 5 \times 204$$
$$4^7 - 4 = 16380 = 7 \times 2340$$

就冒冒然地猜測「若 n 是奇數，k 為自然數，則 $k^n - k$ 可以被 n 整除」。隔不了多久，他自己立刻找到 $2^9 - 2 = 510$ 不能被 9 整除的反例，傳為數學史上的笑柄。

【例2】法國大數學家費馬（Fermat, 1601～1665）對整數論貢獻很大。有一天他檢查 $2^{2^n}+1$ 形狀的自然數，發現

$n=0$ 時，$2^{2^0}+1=2^1+1=3$

$n=1$ 時，$2^{2^1}+1=2^2+1=5$

$n=2$ 時，$2^{2^2}+1=2^4+1=17$

$n=3$ 時，$2^{2^3}+1=2^8+1=257$

$n=4$ 時，$2^{2^4}+1=2^{16}+1=65537$

這些都是質數（257 和 65537 是質數嗎？檢查一下），於是他心滿意足了，很自信地寫信給當時的英國數學家華來士（Wallis）。不過，華來士對這個題目不很感興趣。直到一百年後，瑞士大數學家尤拉才發現費馬的耐心不夠：因為只要再多算一個具體的個例，可以得到如下的結果

$$2^{2^5}+1=2^{32}+1=4294967297$$
$$=641\times6700417$$

因此，數學史上又多了一些笑料。

【例3】尤拉一生的耐心很夠，但也有疏忽的一天。上節的例 3 就是他的猜測：「n^2+n+41 形狀的自然數都是質數」。但是，很顯然他只算了小於 40 的自然數，因為當 $n=40$

時，得到的就不是質數了：

$$40^2+40+41=40（40+1）+41=41×41$$

【例 4】 現代有些數學家似乎比尤拉更有耐心，俄國數學家雪潑打獵夫（Chebotarev）在 1938 年觀察了 x^n-1 形狀的多項式之因子分解（成實係數多項式的乘積）：

$$x^2-1=(x-1)(x+1)$$
$$x^3-1=(x-1)(x^2+x+1)$$
$$x^4-1=(x-1)(x+1)(x^2+1)$$
$$x^5-1=(x-1)(x^4+x^3+x^2+x+1)$$
$$x^6-1=(x-1)(x+1)(x^2+x+1)(x^2-x+1)$$

發現所有因子的係數都是 1 或 -1，於是猜測：

x^n-1 形狀多項式因子的係數不是 1 就是 -1。

三年後俄國的另一位數學家一萬儒夫（Ivanov）耐心地算出 $x^{105}-1$ 有下列的因子，係數不全為 1 或 -1

$$x^{48}+x^{47}+x^{46}-x^{43}-x^{42}-2x^{41}-x^{40}-x^{39}+x^{36}$$
$$+x^{35}+x^{34}+x^{33}+x^{32}+x^{31}-x^{28}-x^{26}-x^{24}-x^{22}$$
$$-x^{20}+x^{17}+x^{16}+x^{15}+x^{14}+x^{13}+x^{12}-x^9-x^8$$
$$-2x^7-x^6-x^5+x^2+x+1$$

　　上面四個例子說明了，數學家也和平常人一樣，需要作許多計算。當然，他們並不是毫無目的地亂算，只是想藉計算得到的結果，摸索到更多的資料，來引導他們到達證明的正確途徑。他們很清楚下列的事實：

　　對某一個與自然數 n 有關的猜測或命題 P(n) 而言，即使驗證過 P(1)，P(2)，……，P(10^6) 都正確，也不能證明 P(n) 對任意自然數 n 都是對的。

一般的原則可用歸謬法得到：若 P(n) 對某自然數不能成立，則這樣的自然數中一定有一個是最小的。以 k＋1 來表示這個自然數，則 P(1)，P(2)，……，P(k) 都成立而 P(k＋1) 不成立。所以，若我們能夠證明：

　　當 P(1)，P(2)，……，P(k) 都成立時，

　　P(k＋1) 一定成立。

那麼，我們就能夠一路推下去：

　　㈠當 P(1) 成立時，P(2) 一定成立。

　　㈡當 P(1)，P(2) 成立時，P(3) 一定成立。

　　㈢當 P(1)，P(2)，P(3) 成立時，P(4) 一定成立。

　　……………………………………………………………

這樣，對所有的自然數 n，P（n）都成立了。把上述的推

理用我們平常使用的語言寫下來，就得到有名的**數學歸納法原理**：

設 P（n）是一個與自然數 n 有關的猜測或命題，則
對所有自然數 n，P（n）都成立的充要條件是：
　　當 P（1），P（2），……，P（k）成立時，
　　我們能證明 P（k+1）也成立。

　　上述的數學歸納法原理，是比較一般的形式，而不是常用的形式。**常用的數學歸納法原理**，形式較為簡單：

設 P（n）是與自然數 n 有關的猜測（或命題），則
對所有自然數 n，P（n）都成立的充要條件是：
　　㈠P（1）成立，
　　㈡當 P（k）成立時，我們能證明 P（k+1）也
　　　成立。

　　下面，讓我們用例子來顯示，如何利用上面我們所討論的數學歸納法來證明一些猜測（陳述或命題）。這些例子大部分取自我們在上節所得到的猜測，只有一個例子是新的。

【例5】設 $S_n = \dfrac{1}{1 \cdot 2} + \dfrac{1}{2 \cdot 3} + \dfrac{1}{3 \cdot 4} + \cdots\cdots + \dfrac{1}{n(n+1)}$

利用數學歸納法證明 $S_n = \dfrac{n}{n+1}$

證明　要用數學歸納法證明的命題是

$\qquad$ $P(n)$ 是 " $S_n = \dfrac{n}{n+1}$ "

因為 $S_1 = \dfrac{1}{1 \cdot 2} = \dfrac{1}{2}$ ，所以 $P(1)$ 是正確的。現在讓我

們假設 $P(k)$ 成立，即 $S_k = \dfrac{k}{k+1}$ ，我們要利用這假設

來證明 $P(k+1)$ 的成立，即：

$$S_{k+1} = \frac{k+1}{(k+1)+1} = \frac{k+1}{k+2}$$

下面，利用上述的假設把 S_{k+1} 加以簡化：

$$
\begin{aligned}
S_{k+1} &= \frac{1}{1 \cdot 2} + \cdots\cdots + \frac{1}{k(k+1)} + \frac{1}{(k+1)(k+2)} \\
&= S_k + \frac{1}{(k+1)(k+2)} \\
&= \frac{k}{k+1} + \frac{1}{(k+1)(k+2)}
\end{aligned}
$$

$$= \frac{k(k+2)+1}{(k+1)(k+2)} = \frac{k^2+2k+1}{(k+1)(k+2)}$$

$$= \frac{(k+1)^2}{(k+1)(k+2)} = \frac{k+1}{k+2}$$

所以，P（k＋1）成立。因此由常用的數學歸納法知道，對所有的自然數 n，P（n）都成立了。證明完畢。

【例6】設 $1^3+2^3+3^3+\cdots+n^3=S_n$，**利用數學歸納法證明**

$$S_n = \left[\frac{n(n+1)}{2}\right]^2$$

證明　要證明的命題是　$S_n = \left[\frac{n(n+1)}{2}\right]^2$

因為 $S_1=1^3 = \left[\frac{1(1+1)}{2}\right]^2$，所以 P（1）是正確的。

現在假設 P（k）成立，即 $S_k = \left[\frac{k(k+1)}{2}\right]^2$，想利用

此假設證明 P（k＋1）的成立，即

$$S_{k+1} = \left[\frac{(k+1)(k+2)}{2}\right]^2$$

但是 $S_{k+1}=1^3+2^3+\cdots+k^3+(k+1)^3$

$$=S_k+（k+1）^3$$

$$=〔\frac{k（k+1）}{2}〕^2+（k+1）^3$$

$$=（k+1）^2〔\frac{k^2}{4}+（k+1）〕$$

$$=（k+1）^2 \cdot \frac{k^2+4k+4}{4}$$

$$=（k+1）^2 \cdot \frac{（k+2）^2}{4}$$

$$=〔\frac{（k+1）（k+2）}{2}〕^2$$

所以 P（k+1）成立。因此由數學歸納法而得證。

【例 7】 **設在一般位置上的 n 條直線，把平面分割成 S_n 塊，**

證明 $S_n=\dfrac{n（n+1）}{2}+1$

證明　一條直線把平面分割成 2 塊，而由下列的計算：

$$S_1=\frac{1 \cdot （1+1）}{2}+1=2$$

知道 P（1）成立。現在假設 n=k 時，P（k）成立，即
在一般位置上的 k 條直線，把平面分割成 S_k 塊，而

$$S_k = \frac{k(k+1)}{2} + 1$$

想由此假設證明 P（k+1）的成立，即若新加入一條直線 ℓ 後，而這 k+1 條直線還是在一般的位置上時，則它們會把平面分割成 S_{k+1} 塊，而

$$S_{k+1} = \frac{(k+1)(k+2)}{2} + 1$$

但是 $S_{k+1} - S_k$

$$= \left[\frac{(k+1)(k+2)}{2} + 1 \right] - \left[\frac{k(k+1)}{2} + 1 \right]$$

$$= k + 1$$

所以，我們只要證明：若直線 ℓ 加進來後，平面被分割的塊數會增加 k+1，即 $S_{k+1} = S_k + k + 1$。

因為 ℓ 加進來後，這 k+1 條直線還是在一般的位置上。由此知道 ℓ 不與原來的任何直線平行，也不通過任何原來 k 條直線的交點，所以 ℓ 與原來的每條直線各交於一點。若我們把這新產生的 k 個交點，沿著某個方向（或由上而下，或由左而右）順序加以命名為 A_1，A_2，A_3，……，A_k（見下頁的圖）。

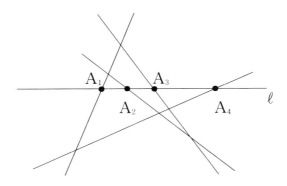

注意到，當人在直線 ℓ 上行走，沿著剛剛規定的方向移動，由無窮遠點到 A_1 點前，他必然只經過一塊區域。因為若他經過原來的兩塊區域，這兩塊區域的分界一定是原來的一條直線，而這條直線與 ℓ 的交點就會排在 A_1 之前。但這是不可能的，因為 A_1 是沿著這個方向走的第 1 個交點。所以，當此人走到 A_1 的時候，他剛好看見有一塊區域被分割成兩塊。

同理，當此人沿 ℓ 上既定的方向，由 A_1 走到 A_2 時，他只在同一塊舊的區域內。不然，他在途中必然經過兩塊舊區域的分界線，即碰到由此直線與 ℓ 新產生的交點，但沿這個方向時，A_1 是第 1 個新生交點，而 A_2 是第 2 個，會得到矛盾。所以，此人到達 A_2 時，他又剛好看到一塊舊區域，被 ℓ 分割成 2 塊。

如此繼續下去，由 A_2 到 A_3，由 A_3 到 A_4，……，由

A_{k-1} 到 A_k 的過程都是一樣，在每個過程中，ℓ 都把一塊舊區域切成 2 塊。最後，此人由 A_k 走向無窮遠點，也和他由無窮遠點走向 A_1 時的情形一樣，把一塊舊區域分成 2 塊（下面的 ∞ 讀成無窮遠）。

$$\infty 點 \to A_1 \to A_2 \to A_3 \to \cdots\cdots \to A_{k-1} \to A_k \to \infty 點$$

上面每個箭頭各加了一塊區域

共加了 $k+1$ 塊區域

綜合以上討論知道，直線 ℓ 新加入後，平面被分割的塊數剛好增加了 $k+1$，即 $S_{k+1}=S_k+k+1$。換句話說，P（k＋1）成立。因此由數學歸納法而得證。

以上的幾個例子，我們都採用常用的數學歸納法的形式來證明，因為它用起來較方便。但有時候，常用的數學歸納法的形式卻用不上，如下面的例子，只好用一般的形式來證明。

【例 8】證明：任意的自然數 n 都可以寫成下列的形狀：

$n = a_t \cdot 10^t + a_{t-1} \cdot 10^{t-1} + \cdots\cdots + a_1 \cdot 10 + a_0$

其中 a_0，a_1，……，a_{t-1}，a_t 都是 0，1，2，……，9 中的某一個整數，且 $a_t \neq 0$

證明 n＝1 時命題成立，n＝2，……，10 時，命題都成立。假設 k≥10 且 0＜n＜k＋1 時命題 P（n）都成立，要證明命題 P（k＋1）也成立。以 10 除 k＋1，假設得到商數 b，餘數 a_0，

$$k+1 = b \cdot 10 + a_0 \quad\cdots\cdots\cdots\cdots\cdots(1)$$

其中 $0 \leq a_0 < 10$，且 $b \leq \dfrac{k+1}{10} \leq k$，所以由 P（1）到 P（k）

都成立的假設可知：

$$b = a_t \cdot 10^{t-1} + a_{t-1} \cdot 10^{t-2} + \cdots\cdots + a_2 \cdot 10 + a_1 \quad\cdots\cdots\cdots(2)$$

其中 a_1，……，a_t 都是 0，1，2，……，9 中的某數，且 $a_t \neq 0$。把(2)式代入(1)式得：

$$k+1 = a_t \cdot 10^t + a_{t-1} \cdot 10^{t-1} + \cdots\cdots + a_1 \cdot 10 + a_0$$

所以 P（k＋1）也真。由數學歸納法知道，對任意的自然數 n，P（n）都真。

三、更多的例子與易犯的錯誤

學習數學歸納法最好的方法是多做題目，一而再，再而三，反覆地運用它來做各式各樣的題目。其實，這句話也適用於數學的任何部分的學習。為了讓讀者容易借鏡起

見，我們這裡又補充了一些例題。英國大物理學家兼大數學家牛頓曾經說過：「在數學中，例題比定理更有用。」他的意思，並不是不要定理了，而是例題更具有啟發性，比較容易模仿。

【例1】在上節的例5中，我們證明了下面的等式：

$$\frac{1}{1\cdot2}+\frac{1}{2\cdot3}+\cdots\cdots+\frac{1}{n(n+1)}=\frac{n}{n+1}$$

這裡，我們想偷個懶，請讀者先作個練習，用數學歸納法證明與上式很相似的兩個等式：

$$\frac{1}{1\cdot3}+\frac{1}{3\cdot5}+\cdots\cdots+\frac{1}{(2n-1)(2n+1)}=\frac{n}{2n+1}$$

$$\frac{1}{1\cdot4}+\frac{1}{4\cdot7}+\cdots\cdots+\frac{1}{(3n-2)(3n+1)}=\frac{n}{3n+1}$$

不難看到，這三式的等號左邊，分母中出現的數字依次是

$$1，2，3，4，\cdots\cdots，n，n+1$$

$$1，3，5，7，\cdots\cdots，2n-1，2n+1$$

$$1，4，7，10，\cdots\cdots，3n-2，3n+1$$

都是等差數列，首項皆為1，公差則依次為1，2，3。這些資料，與上述的三個 n 項和的最後形式（即等號右邊）

$$\frac{n}{n+1} \ , \ \frac{n}{2n+1} \ , \ \frac{n}{3n+1}$$

有什麼關聯？首項與公差是如何出現在這些式子裡的？

由於這些等差數列的首項都是 1，很難看出它的出現方式，但公差似乎在分母的 n 的係數上出現。為了確定起見，我們由下列的等差數列（首項 1，公差為 d＞0）

$$1 \ , \ d+1 \ , \ 2d+1 \ , \ \cdots\cdots \ , \ nd+1$$

做一個類似的 n 項和，看看公差 d 是否如預期的那樣，在和的分母中以 n 的係數方式出現，即試證

$$S_n = \sum_{i=1}^{n} \frac{1}{[(i-1)d+1](id+1)}$$

$$= \frac{1}{1 \cdot (d+1)} + \frac{1}{(d+1)(2d+1)} + \cdots\cdots$$

$$+ \frac{1}{[(n-1)d+1](nd+1)} = \frac{n}{dn+1}$$

證明　n＝1 時，$S_1 = \frac{1}{1 \cdot (d+1)} = \frac{1}{d \cdot 1+1}$ 命題是正確

的。現在假設 n＝k 時命題成立，即

$$S_k = \frac{k}{dk+1}$$

讓我們由此證明 n＝k＋1 時，命題也成立：

$$S_{k+1} = \sum_{i=1}^{k+1} \frac{1}{[(i-1)d+1](id+1)}$$

$$= \sum_{i=1}^{k} \frac{1}{[(i-1)d+1](id+1)} + \frac{1}{(kd+1)[(k+1)d+1]}$$

$$= \frac{k}{dk+1} + \frac{1}{(kd+1)[(k+1)d+1]}$$

$$= \frac{k[(k+1)d+1]+1}{(dk+1)[(k+1)d+1]}$$

$$= \frac{k(k+1)d+k+1}{(dk+1)[(k+1)d+1]}$$

$$= \frac{(k+1)(kd+1)}{(dk+1)[d(k+1)+1]}$$

$$= \frac{k+1}{d(k+1)+1}$$

所以，當 $n=k+1$ 時，命題也成立。由數學歸納法知道，我們的猜測是正確的。

【例 2】由例 1 繼續往下想，如果換以一般的等差級數：

a，$a+d$，$a+2d$，……，$a+(n-1)d$，$a+nd$，……其中 $a>0$，$d>0$，又得到怎樣的結果呢？

為了更方便思考，以 $a=2$，$d=1$ 為例，試試看：

$$\frac{1}{2 \cdot 3} + \frac{1}{3 \cdot 4} + \cdots\cdots + \frac{1}{(n+1)(n+2)}$$

$$= \frac{1}{1 \cdot 2} + \frac{1}{2 \cdot 3} + \frac{1}{3 \cdot 4} + \cdots\cdots + \frac{1}{(n+1)(n+2)} - \frac{1}{1 \cdot 2}$$

$$= \frac{n+1}{n+2} - \frac{1}{1 \cdot 2} = \frac{2n+2-n-2}{2(n+2)} = \frac{n}{2(n+2)}$$

再以 a＝3，d＝2 來試，得到：

$$\frac{1}{3 \cdot 5} + \frac{1}{5 \cdot 7} + \frac{1}{7 \cdot 9} + \cdots\cdots + \frac{1}{(2n+1)(2n+3)}$$

$$= \frac{1}{1 \cdot 3} + \frac{1}{3 \cdot 5} + \frac{1}{5 \cdot 7} + \cdots\cdots + \frac{1}{(2n+1)(2n+3)} - \frac{1}{1 \cdot 3}$$

$$= \frac{n+1}{2(n+1)+1} - \frac{1}{1 \cdot 3}$$

$$= \frac{3n+3-2n-3}{3(2n+3)}$$

$$= \frac{n}{3(2n+3)}$$

讀者不妨再試試看，利用上例的結果，仿照本例上面的作法，算算看 a＝4，d＝3 時，是否有下列的等式？

$$\frac{1}{4 \cdot 7} + \frac{1}{7 \cdot 10} + \cdots\cdots + \frac{1}{(3n+1)(3n+4)}$$

$$= \frac{n}{4(3n+4)}$$

　　由上式的這些結果，我們因此猜測，在一般的情形下我們可以得到如下的等式（a＞0，d＞0）：

$$S_k = \frac{1}{a(d+a)} + \frac{1}{(d+a)(2d+a)} + \frac{1}{(2d+a)(3d+a)} + \cdots\cdots + \frac{1}{[(n-1)d+a](nd+a)} = \frac{n}{a(nd+a)}$$

下面，我們利用數學歸納法來證明上面的等式：

n＝1 時，$S_1 = \dfrac{1}{a(d+a)} = \dfrac{1}{a(d \cdot 1+a)}$ ，命題成立。

假設 n＝k 時，命題成立，即 $S_k = \dfrac{k}{a(dk+a)}$

由此要證明 n＝k＋1 時，命題也成立。

$$S_{k+1} = \sum_{i=1}^{k+1} \frac{1}{[(i-1)d+a](id+a)}$$

$$= \sum_{i=1}^{k} \frac{1}{[(i-1)d+a](id+a)} + \frac{1}{(kd+a)[(k+1)d+a]}$$

$$= \frac{k}{a(dk+a)} + \frac{1}{(kd+a)[(k+1)d+a]}$$

$$= \frac{k[(k+1)d+a]+a}{a(dk+a)[(k+1)d+a]}$$

$$= \frac{k+1}{a[d(k+1)+a]}$$

所以，當 k＝n＋1 時命題也成立。因此，由數學歸納法得證（註）。

　　數學歸納法是很有用的證明工具，但一定要好好地把握住其中的要點，用起來才能夠得心應手。下面，我們舉些例子，說明一些常犯的錯誤，以便讀者能提高警覺，使用數學歸納法時，不致犯這些錯誤。

【例3】所有的自然數都相等

證明　我們要證明 P（n）：" n＝n＋1"。現在讓我們假設 n＝k 時，P（k）為真，即 k＝k＋1。由此我們想要推得 P（k＋1）的成立：k＋1＝k＋2。

　　由等式 k＝k＋1 的等號兩邊各加上 1，即可得到等式 k＋1＝k＋2，即 P(k＋1)成立，因此得證。

　　這個證明中的錯誤，讀者立刻可以指出來，是因為命題 P(1)不成立的關係：1≒2。利用數學歸納法的證明，通常分成兩個不可缺的部分：

　　㈠證明命題 P(1)正確。

　　㈡假設 P(k)成立而推到 P(k＋1)成立。

由 P(1)成立與㈡，我們得到 P(1＋1)＝P(2)成立，由 P(2)

成立與㈡，得到 P(2+1)＝P(3)成立，再由 P(3)成立與㈡，得到 P(3+1)＝P(4)成立。如此繼續下去，對任意的自然數 n 來說，命題 P(n)自然都成立了。

　　例 3 的證明，缺了起頭的第一步，所以像建築在空中的樓閣，是無法成功的。

【例4】 一個平面上的任意 n 個點，都在一條直線上

證明　命題 P(n)是 "一個平面上的任意 n 個點，都在同一直線上"。很顯然，P(1)是正確的，P(2)當然也正確（兩個點決定一條直線）。

　　現在假設 P(k)成立，即平面上的任意 k 個點都在同一直線上，讓我們來證明平面上的任意 k+1 個點也在同一直線上。

　　我們把這 k+1 個點用 A_1，A_2，……，A_k 以及 A_{k+1} 來表示。由 P(k)成立的假設，我們得到 A_1，A_2，……，A_k 這 k 個點在同一直線 ℓ 上，且 A_2，……，A_k，A_{k+1} 這 k 個點也在同一條直線 ℓ'上。一條直線由兩個點來決定，所以 ℓ 由 A_2 與 A_k 決定，而且 ℓ'也由 A_2 與 A_k 決定。但兩個點 A_2 與 A_k 只能決定一條直線，所以 $\ell = \ell'$，即 A_1，A_2，……，A_k，A_{k+1} 共線，得證。

這個證明顯然是錯的，因為結果是錯的：讀者知道平面上存在不共直線的三個點。問題是上述的證明過程中錯在哪裡呢？

由於 P(2)是正確的，而 P(3)已經不正確了，問題一定出在由 P(2)推到 P(3)的步驟上，即數學歸納法的第二部分，讓我們仔細的寫出這個步驟來：

用 A_1，A_2，A_3 來表示這三點（ k+1＝3 的情形 ）。由命題 P(2)的成立，知道 A_1，A_2 在一直線 ℓ 上，而且 A_2，A_3 在一直線 ℓ'上。從這些已知的條件下，並不能推到 $\ell = \ell'$的結論呀！

於是，我們找到證明中的漏洞：在過程中我們假定了 k≥3，才會有 A_2，A_k 決定 ℓ ，而且決定 ℓ'的結論。在 k＝2 的情形中，A_2 與 A_k 是同一個點，一個點不能決定一條直線。

由以上的兩個例子，我們知道，利用數學歸納法時，兩個步驟都要小心，都有可能出紕漏的地方。尤其是像例 4 那樣不明顯的錯誤，更是要非常小心，才找得出來。

在本文結束之前，筆者覺得有義務對本文第一節的例 4，向讀者作個交代。這個例題所談的就是有名的高德貝

克推測（Goldbach Conjecture），在數論中已存在了好一段時日了，但是到目前為止，還沒有得到解決。有志於在數學界出名的讀者，這是一個相當具有挑戰性的題目！

本文摘自新編高中數學課本第二冊第二章，數理公司發行，1973年1月出版。本文曾作部分改寫。

附註

註：萊布尼茲在巴黎當外交官時，受到巴黎社交界的影響才開始學數學。他的老師第一天給他的習題就是本文第二節的例 5（155 頁）。據說他當場做了出來。他因沒學過數學，不知道數學歸納法，所以他的解法與用數學歸納法稍有不同：

因為 $\dfrac{1}{n(n+1)} = \dfrac{1}{n} - \dfrac{1}{n+1}$ ，

所以 $\dfrac{1}{1 \cdot 2} + \dfrac{1}{2 \cdot 3} + \dfrac{1}{3 \cdot 4} + \cdots\cdots + \dfrac{1}{n(n+1)}$

$\qquad = (1 - \dfrac{1}{2}) + (\dfrac{1}{2} - \dfrac{1}{3}) + \cdots\cdots + (\dfrac{1}{n} - \dfrac{1}{n+1})$

$\qquad = 1 - \dfrac{1}{n+1} = \dfrac{n}{n+1}$

上述例 1 與例 2 中的等式都可以模仿這個方法做出來，讀者可以自己試試看。

第九篇　一個名為「拈」的遊戲

一、「拈」這個遊戲

「拈」本是我國民間的一種遊戲，英文叫做 nim，是「拈」的廣東話發音（註1）。大概是當年大批華工由廣東被僱到美國去築鐵路，在工作之餘，拾石頭消遣或賭博時，被美國佬學了去。查韋氏英美大字典（Webster's New World Dictionary），nim 亦有偷（steal）及扒（pilfer）的意思。為什麼會多出這些意義呢？請看下文分解。

（拈的玩法）撿好三堆石子，每堆數目不拘，甲乙兩人輪流自其中一堆拿取石子，拿多少隨意（至少拿一個），但不得同時自兩堆中拿取，最後拿光石子的人贏。

舉個例說，設三堆石子數分別為 2，5，6。假定甲把 2 個的那堆拿光，使石子數成 0，5，6，而乙由 6 個那堆拿 5 個，使成 0，5，1。此時若甲由 5 個那堆拿 4 個，變成 0，1，1，則乙就輸定了。因他必須（也只能）拿一個，留下最後一個等甲去拿。

　　為了便於討論起見，在遊戲進行的任一階段，三堆石子的數目將用符號記作 {a，b，c} ，其中a、b與c都為非負的整數。你可能已經注意到，符號 {a，b，c} 所表達的型態，與a、b、c這三個數字出現的順序無關，但在某一局的遊戲中，各堆的石子數目，保持在同一位置，會使記錄更易看清楚。使用這種符號時，上段中的遊戲歷程就可記錄如下：

$$\{2，5，6\} \xrightarrow{甲} \{0，5，6\} \xrightarrow{乙} \{0，5，1\}$$

$$\xrightarrow{甲} \{0，1，1\} \xrightarrow{乙} \{0，0，1\} \xrightarrow{甲} \{0，0，0\}$$

　　你已經會玩「拈」這個遊戲了，請你先找一個朋友一起玩玩看。玩一段時間之後，才回來繼續看本文。這裡給你一個建議：為了使你能在短時間內精通「拈」的玩法，請你在玩的時候作如上述的記錄，以便自我檢討，找出怎樣才能常贏的規律。

　　這裡假設，你玩「拈」已經有一段時間了，請問你贏了幾次？輸了幾次？你是否能找到一些規律，使你比較常成為贏家呢？下面，我們先介紹一個名詞，以便說明：當你從某一堆中取走若干石子後，出現了 {a，b，c} 的型

態時，我們就說你佔有了 {a，b，c} 的型態。

　　你當然知道，不管開始的時候，三堆石子的數目有多大，玩到最後，三堆石子的數目都會變得很少。這時候，三堆石子數所成的型態我們稱之為殘型。

　　玩過象棋的人都知道，象棋有所謂的殘局。象棋中的殘局與「拈」的殘型，是同一類的概念。所以，我們先略述殘局後，再談談殘型。象棋中的殘局是指棋局進行到某階段，棋子較少而勝負已定的清楚局面，如果參賽的兩人都有相當的水準時，按照正確的走法，則誰勝誰負幾乎已成定局。

　　「拈」的殘型，可分為必勝殘型與失敗殘型兩種。當你佔有了必勝殘型後，若你能在以後幾步都按合乎邏輯的拿法，則不管對手如何拿，他都註定必敗。反過來說，一旦你佔有了失敗殘型時，若你的對手以後都按合乎邏輯的方式拿取，則你已敗定了。

【例1】　{0，1，1} 是個必勝殘型，為什麼？請你自己想想看。

　　　　更一般的，{0，n，n} 也是個必勝殘型：

$$\{0，n，n\} \xrightarrow{\text{對手}} \{0，m，n\} \xrightarrow{\text{你}} \{0，m，m\}$$

其中 m＜n。採取這種拿法，繼續下去，最後你一定佔有 $\{0，1，1\}$ 。

【例2】當 n＞0 時，$\{1，1，n\}$ 是個失敗殘型，因為

$$\{1，1，n\} \xrightarrow{\text{對手}} \{1，1，0\}$$

更一般的，當 m＞0，n＞0 時，$\{m，m，n\}$ 是個失敗殘型：

$$\{m，m，n\} \xrightarrow{\text{對手}} \{m，m，0\}$$

由例 1 知道，若對手之後都沒拿錯，你就必敗。

【例3】　$\{1，2，3\}$ 是個必勝殘型，分為下列 6 種情形討論：

① $\{1，2，3\} \rightarrow \{0，2，3\} \xrightarrow{\text{你}} \{0，2，2\}$

② $\{1，2，3\} \rightarrow \{1，1，3\} \xrightarrow{\text{你}} \{1，1，0\}$

③ $\{1，2，3\} \rightarrow \{1，0，3\} \xrightarrow{\text{你}} \{1，0，1\}$

④ $\{1，2，3\} \rightarrow \{1，2，2\} \xrightarrow{\text{你}} \{0，2，2\}$

⑤ $\{1,2,3\}$ → $\{1,2,1\}$ $\overset{你}{\Rightarrow}$ $\{1,0,1\}$

⑥ $\{1,2,3\}$ → $\{1,2,0\}$ $\overset{你}{\Rightarrow}$ $\{1,1,0\}$

由此可知，不管對手怎樣拿，你都能在下一步佔有 $\{1,1,0\}$ 或 $\{2,2,0\}$ 的必勝殘型而獲勝。

【例4】 $\{1,4,5\}$ **也是個必勝殘型，分爲10種情形討論：**

① $\{1,4,5\}$ → $\{0,4,5\}$ $\overset{你}{\Rightarrow}$ $\{0,4,4\}$

② $\{1,4,5\}$ → $\{1,3,5\}$ $\overset{你}{\Rightarrow}$ $\{1,3,2\}$

③ $\{1,4,5\}$ → $\{1,2,5\}$ $\overset{你}{\Rightarrow}$ $\{1,2,3\}$

④ $\{1,4,5\}$ → $\{1,1,5\}$ $\overset{你}{\Rightarrow}$ $\{1,1,0\}$

⑤ $\{1,4,5\}$ → $\{1,0,5\}$ $\overset{你}{\Rightarrow}$ $\{1,0,1\}$

⑥ $\{1,4,5\}$ → $\{1,4,4\}$ $\overset{你}{\Rightarrow}$ $\{0,4,4\}$

⑦ $\{1,4,5\}$ → $\{1,4,3\}$ $\overset{你}{\Rightarrow}$ $\{1,2,3\}$

⑧ $\{1,4,5\}$ → $\{1,4,2\}$ $\overset{你}{\Rightarrow}$ $\{1,3,2\}$

⑨ $\{1,4,5\}$ → $\{1,4,1\}$ $\overset{你}{\to}$ $\{1,0,1\}$

⑩ $\{1,4,5\}$ → $\{1,4,0\}$ $\overset{你}{\to}$ $\{1,1,0\}$

由此可見，不管對手如何拿，你一定都能在下一步佔有必勝殘型 $\{n,n,0\}$ 或 $\{1,2,3\}$ 而獲勝。

【例5】 $\{2,4,6\}$ **亦爲必勝殘型，分成12種情形討論：**

① $\{2,4,6\}$ → $\{1,4,6\}$ $\overset{你}{\to}$ $\{1,4,5\}$

② $\{2,4,6\}$ → $\{0,4,6\}$ $\overset{你}{\to}$ $\{0,4,4\}$

③ $\{2,4,6\}$ → $\{2,3,6\}$ $\overset{你}{\to}$ $\{2,3,1\}$

④ $\{2,4,6\}$ → $\{2,2,6\}$ $\overset{你}{\to}$ $\{2,2,0\}$

⑤ $\{2,4,6\}$ → $\{2,1,6\}$ $\overset{你}{\to}$ $\{2,1,3\}$

⑥ $\{2,4,6\}$ → $\{2,0,6\}$ $\overset{你}{\to}$ $\{2,0,2\}$

⑦ $\{2,4,6\}$ → $\{2,4,5\}$ $\overset{你}{\to}$ $\{1,4,5\}$

⑧ $\{2,4,6\}$ → $\{2,4,4\}$ $\overset{你}{\to}$ $\{0,4,4\}$

⑨ $\{2,4,6\}$ → $\{2,4,3\}$ $\overset{你}{\to}$ $\{2,1,3\}$

⑩ $\{2,4,6\}$ → $\{2,4,2\}$ $\overset{你}{\to}$ $\{2,0,2\}$

⑪　$\{2,4,6\}$　→　$\{2,4,1\}$　$\xrightarrow{你}$　$\{2,3,1\}$

⑫　$\{2,4,6\}$　→　$\{2,4,0\}$　$\xrightarrow{你}$　$\{2,2,0\}$

由此可見，不管對手如何拿，最後你一定能佔有已知的必勝殘型而獲勝。

二、對應與偶數型態

　　讓我們觀察上面所提到的四種必勝殘型，看看有什麼共同的性質。我們不難歸納出下列的簡單性質：

$\{n,n,0\}$，$\{1,2,3\}$，$\{1,4,5\}$ 與 $\{2,4,6\}$

　　都是兩數之和等於第三數的型態。

這是不是必勝殘型的充分與必要條件呢？最單純的檢驗方式，就是再找幾個例子試試看。

【例1】顯然 $\{1,3,4\}$ 是個失敗殘型，因為對手下一步一定能佔有 $\{1,3,2\}$ 的必勝殘型。

$$\{1,3,4\} \xrightarrow{對手} \{1,3,2\}$$

由此知道，上述的性質並不是必勝殘型的充分條件。

【例2】 {3，5，6} 是一個必勝殘型，分為下列14種情形討論：

① {3，5，6} → {2，5，6} $\overset{你}{\to}$ {2，4，6}

② {3，5，6} → {1，5，6} $\overset{你}{\to}$ {1，5，4}

③ {3，5，6} → {0，5，6} $\overset{你}{\to}$ {0，5，5}

④ {3，5，6} → {3，4，6} $\overset{你}{\to}$ {2，4，6}

⑤ {3，5，6} → {3，3，6} $\overset{你}{\to}$ {3，3，0}

⑥ {3，5，6} → {3，2，6} $\overset{你}{\to}$ {3，2，1}

⑦ {3，5，6} → {3，1，6} $\overset{你}{\to}$ {3，1，2}

⑧ {3，5，6} → {3，0，6} $\overset{你}{\to}$ {3，0，3}

⑨ {3，5，6} → {3，5，5} $\overset{你}{\to}$ {0，5，5}

⑩ {3，5，6} → {3，5，4} $\overset{你}{\to}$ {1，5，4}

⑪ {3，5，6} → {3，5，3} $\overset{你}{\to}$ {3，0，3}

⑫　{3，5，6}　→　{3，5，2}　$\overset{\text{你}}{\to}$　{3，1，2}

⑬　{3，5，6}　→　{3，5，1}　$\overset{\text{你}}{\to}$　{3，2，1}

⑭　{3，5，6}　→　{3，5，0}　$\overset{\text{你}}{\to}$　{3，3，0}

由此可見，上述性質（即兩數之和等於第三數）也不是必勝殘型的必要條件。

雖然由上面的兩個例子知道，上述的性質（即兩數的和等於第三數）不是必勝殘型的必要條件，也不是充分條件，但是，由已知的必勝殘型的例子裡，我們似乎可以感覺到，其各堆的石子數之間有某種神祕的對應。

尤其是　{n，n，0}　的邏輯拿法——你拿幾個，我也拿幾個——這種拿法實在有難以形容的單純而和諧的旋律，隱約地暗示著某種對應。這種神祕的對應，到底是怎樣的呢？在你繼續讀卜文之前，你要不要想想看？

要說明這種神祕的對應，需要用數的**二進位表示法**。我們在這裡假定讀者都清楚數的二進位表示法：在這種表示法中，只用到兩個數字，即 0 與 1，以及逢 2 就進一位的原則。例如，

$$5 = 1 \times 2^2 + 0 \times 2 + 1$$

所以用二進位表示時，5 就寫成 101。這與在十進位表示法中把 143 表示為（十進位表示法中要用 10 個不同的數碼，即 0，1，2，3，4，5，6，7，8 與 9，然後用逢 10 進一位的原則）

$$143 = 1 \times 10^2 + 4 \times 10 + 3 \times 1$$

所以寫成 143 的道理是一樣的，換句話說，當一個整數用二進位法表示時，由右至左的每一位位值依次是

$$2^0, 2^1, 2^2, \cdots\cdots, 2^n, \cdots\cdots$$

而且每一位的數字只有 0 或 1 兩個數字。

在下面，我們要利用二進位法來表示必勝殘型中的各數，由此看其間的對應。

【例3】　$\{1, 2, 3\}$ 中各數用二進位表示得 1，10 與 11，把這三數位數對齊用直式相加，但結果不用「逢二進一」的原則，可得各位數都為偶數。其對應情形如下頁圖：

$$1 = 1 \longrightarrow 1$$
$$2 = 1 \times 2 + 0 \longrightarrow 10$$
$$3 = 1 \times 2 + 1 \longrightarrow 11 \; （\; +$$

22

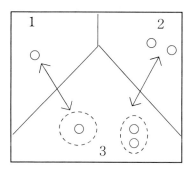

【例4】仿照上例的方法處理必勝殘型 ｛1，4，5｝ 如下左圖：

$$1 = 1 \longrightarrow 1$$

$$4 = 1 \times 2^2 + 0 \times 2 + 0 \rightarrow 100$$

$$5 = 1 \times 2^2 + 0 \times 2 + 1 \rightarrow 101 \; (+$$

$$\overline{202}$$

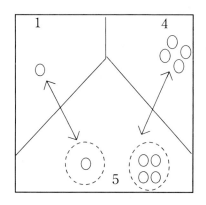 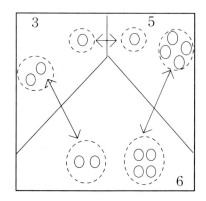

【例5】仿照例3的方法處理必勝殘型 |3,5,6| 如上頁右圖：

$$3＝1×2＋1 \longrightarrow 11$$
$$5＝1×2^2＋0×2＋1 \rightarrow 101$$
$$6＝1×2^2＋1×2＋0 \rightarrow 110（＋$$
$$\overline{222}$$

這種對應就是先把各堆的石子，以二進位表示法分成二進位法中的各種單位（由大到小）：

$$2^n, 2^{n-1}, \cdots\cdots, 2^2, 2, 1$$

然後，每個單位與另一堆中的相等單位作對應。不難由上述例子看到，一型態有上述對應的充要條件是，此型態中各數以二進位法表示後，用直式相加的結果（不「逢二進一」）中，出現的數字都是偶數。

設一型態中各數以二進位法表示後，作直式相加的結果（不逢二進一），叫做此型態的**鑑別數**。一型態的鑑別數中出現的數字，若均為偶數，則此型態是**偶性的**；若不然（即至少出現一奇數），則此型態是**奇性的**。

【例6】 |5,9,12| 是偶性的，如下頁圖所示：

$$5＝1×2^2＋0×2＋1 \longrightarrow 101$$
$$9＝1×2^3＋0×2^2＋0×2＋1 \longrightarrow 1001$$
$$12＝1×2^3＋1×2^2＋0×2＋0 \longrightarrow 1100（＋$$
$$\overline{2202}$$

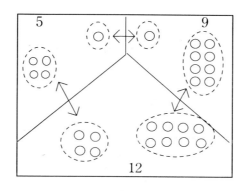

【例 7】 {5，13，43} 是奇性的型態，如下圖所示：

$$5 = 1 \times 2^2 + 0 \times 2^1 + 1 \longrightarrow \quad 101$$

$$13 = 1 \times 2^3 + 1 \times 2^2 + 0 \times 2^1 + 1 \longrightarrow \quad 1101$$

$$43 = 1 \times 2^5 + 0 \times 2^4 + 1 \times 2^3 + 0 \times 2^2 + 1 \times 2^1 + 1 \rightarrow 101011 \; (\; +$$

$$\underline{\qquad\qquad}$$

$$102213$$

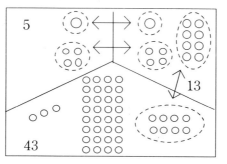

　　現在請讀者先自行做幾個例子，並判斷它們是奇性型態，還是偶性型態。如果你的例子都是奇性的，或都是偶性的，則請你另找出幾個不同性的型態出來。

三、致勝的邏輯拿法

若把偶性型態看成必勝殘型的推廣，則我們應該發展出一種拿法，使我們在佔有偶性型態後，一定得到勝利。

首先觀察到，若由一型態的某堆中拿取石子，就相當於在得到此型態鑑別數的直式中，對應於此堆數的二進位表示的那一列中，把某些 1 改成了 0，而此列中某些 0 也可能同時改變成 1。

若原來為偶性型態，則任何拿法都會破壞其對稱性，即破壞其偶性。譬如說直式某列中由左第一個發生變化的是 2^n 位數，這個變化一定是由 1 變到 0，則鑑別數中相對於此行的數字一定變成了奇數：即由 2 變成 1。例如，由 $\{5，9，12\}$ 的 12 那堆中拿去 2 個，則鑑別數中 2^2 位的 2 變成了 1：

5→ 101		5→ 101
9→1001	變成	9→1001
12→1100（＋	→	10→1010（＋
2202		2112
偶性		奇性

即，由偶性型態的某一堆中拿取若干石子之後，一定變為奇性型態。下面說明，對手佔有奇性型態時，則有一定的拿法，使得在我拿過之後，佔有偶性型態，其拿法如下：

在此型態的鑑別數中找出左邊算來的第一個奇數數字（因為此型態為奇性，奇數數字一定存在），在直式而相對應於此行含有 1 的某列的那堆中拿取石子。取後一定要使 1 變成 0，並且使此列中相對應於鑑別數中奇數字出現的各行都起變化，即使 0 變成 1，1 變成 0。這樣得到的新型態一定為偶性。

【例1】在 |5，13，43| 中拿石子時，一定得從 43 的那堆拿：

$$
\begin{array}{ccc}
5 \to \quad 101 & & 5 \to \quad 101 \\
13 \to \quad 1101 & \xrightarrow{\text{變成}} & 13 \to 1101 \\
43 \to 101011\,(\,+ & & 8 \to 1000\,(\,+ \\
\hline
102213 & & 2202 \\
\text{奇性} & & \text{偶性}
\end{array}
$$

因為鑑別數 102213 中的最高位 2^5 位有個 1，又因鑑別數的最後兩位數，即 2^1 位與 2^0 位，為 1 與 3，所以得在 43 那堆中取去了 $2^5+2+1=35$ 個，留下 8 個，則 2^5，2^1 與 2^0 位的數都會改為 0。直式如上面的右式所示。

　　如果回頭看上節例 7 的圖示，則知我們的拿法是把 43 那堆中沒有對應的那些單位，統統拿走。需要特別注意的則是，此例為簡單的情形：上節例 7 圖中無對應的單位都屬於 43 的那堆。若無對應的單位，在不同堆中出現，則由哪堆拿石子的考量，就會有變化。

【例2】　$\{7,14,18\}$ 是奇性的，應由 18 那堆中拿，但此時應顧及鑑別數 11231 中 2^4，2^3，2^1 與 2^0 各位的奇數，即想辦法使它們都變成偶數，計算如下：

$$
\begin{array}{l}
7 \rightarrow\ \ \ 111 \\
14 \rightarrow\ 1110 \\
\underline{18 \rightarrow 10010\ (\ +} \\
\ \ \ \ \ 11231
\end{array}
\qquad \xrightarrow{\text{變成}} \qquad
\begin{array}{l}
7 \rightarrow\ \ \ 111 \\
14 \rightarrow 1110 \\
\underline{9 \rightarrow 1001\ (\ +} \\
\ \ \ \ 2222
\end{array}
$$

【例3】　$\{17,21,29\}$ 的鑑別數為 31203，其由左算來第一位奇數為 3，此時有 3 種拿法，即由 17 堆中，由 21 堆中，或由 29 堆中拿石子，都可以使鑑別數變成偶數，如下頁所示：

① $\{17，21，29\}$ ─────────→$\{8，21，29\}$

　　17→10001　　　　　　　　8→01000

　　21→10101　　變成　　　　21→10101

　　29→11101（＋　　　　　29→11101（＋

　　─────────　　　　　　─────────

　　　31203　　　　　　　　　22202

② $\{17，21，29\}$ ─────────→$\{17，12，29\}$

　　17→10001　　　　　　　17→10001

　　21→10101　　變成　　　12→01100

　　29→11101（＋　　　　　29→11101（＋

　　─────────　　　　　　─────────

　　　31203　　　　　　　　　22202

③ $\{17，21，29\}$ ─────────→$\{17，21，4\}$

　　17→10001　　　　　　　17→10001

　　21→10101　　變成　　　21→10101

　　29→11101（＋　　　　　4→00100（＋

　　─────────　　　　　　─────────

　　　31203　　　　　　　　　20202

　　由此可見，由偶性型態拿石子後，一定變成了奇性型態。由奇性型態，則必然有一種拿法，可以使之變成爲偶性型態。

四、最後的幾句話

　　由上述的說明知道，若你一旦佔有偶性型態，即按邏輯的拿法，你可以一直佔有偶性型態到底，即到最後你佔有 $\{0，0，0\}$ 而宣告勝利為止。反過來說，當你佔有奇性型態時，若對手知道邏輯拿法，則你也註定必敗。所以，偶性型態就是必勝殘型，而奇性型態則是失敗殘型。

　　「拈」最有趣的地方，就是其每一型態若不為必勝殘型，則為失敗殘型。顯然，在一般的複雜遊戲中我們無法把所有型態，按上述意義分成這樣的兩類。從另一角度來看，這也是「拈」無趣的地方：若兩人都知道其分類與邏輯的拿法，只須看開始的型態與誰先拿，勝負就已決定，不用玩了。

　　當然，若三堆數目很大時，兩個看過本文的人玩起來還是有趣的。尤其加上時間限制的話（譬如說每五秒鐘得拿一次），則除非你默記過許多優勝型態，或心算神速，否則邊玩邊算一定超出時間。

　　對於不知道分類與邏輯拿法的兩人，每堆數目不必太大，譬如說限制在 10 以下，1 以上，則對這樣的 220 種

型態（註2）中，除第一節例1所示的顯然優勝殘型外，不顯然的只有下列 10 種：

$\{1，2，3\}$　，　$\{1，4，5\}$　，　$\{1，6，7\}$　，　$\{1，8，9\}$

$\{2，4，6\}$　，　$\{2，5，7\}$　，　$\{2，8，10\}$　，　$\{3，4，7\}$

$\{3，5，6\}$　，　$\{3，9，10\}$

即失敗殘型佔了大部分（ 210／220 ），所以對先拿的人極為有利。這點與一般的遊戲是一致的。

　　我們不難看到，拈的堆數不必限定為三堆。對於堆數大於三的「拈」，其分類法與邏輯拿法是一樣的。一般拿「拈」來作賭博的騙局（知道分類與邏輯拿法者騙不知道的人）老千，常讓對手在下列中選擇一樣：

　　㈠製造型態（即決定堆數與各堆的石子數）。

　　㈡決定拿的順序。

若對手是對「拈」一無所知的人，則他一定覺得這是個相當公平的遊戲，豈知他這個「獃子」或「羊牯」的被騙者就當定了。因為當獃子選擇製造型態時，老千可算出先拿勝或敗；若獃子決定先拿的順序，則老千可把堆數與各堆的石子數擺得很大，此時，即使獃子選對了優勝殘型，也容易在玩的過程中出錯（堆數多，數目大，則拿的次數也較多，獃子出錯的機會也大 ）。

　　不難想像，在「拈」傳到美國後，利用「拈」來騙錢的老千一定不少。對一個被騙的獸子而言，若他事後知道真相，就覺得是被明偷，或巧扒了。這就是「拈」在洋人的字典中，會有偷、扒等意思的來源了。

　　筆者在美國只坐過一次長途的火車（十九個小時），在這次乘火車的經驗中，就看到有人玩「拈」的一種變形。一位白人老千靠這種變形的遊戲，騙另一位黑人羊牯，騙了不少杯啤酒（賭注是一局一杯啤酒）。

　　這種變形遊戲是在西洋棋盤上玩的，其玩法如下：在西洋棋盤上選定3行，雙方在底線擺上不同色的棋子（以○及×代表），如下圖所示，棋子只能在該行上下移動，最後無法移動自己的棋子者為敗家。

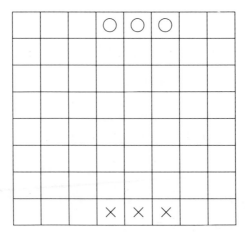

不難看到，這種變形等於「拈」的 $\lfloor 6,6,6 \rfloor$ 的型態。先手者只要把一棋子走到底，使對手那行的棋子不能動；即佔有了 $\lfloor 0,6,6 \rfloor$ 的必勝殘型。其後一直保持 $\lfloor 0,n,n \rfloor$ 的型，即可致勝（對手退後幾格，你就把該行棋子前移幾格，如下圖所示）。

由於筆者是深通「拈」道之士，這種變形的遊戲，當然是一眼就看破。但他們的賭注不大，我也沒有說話。但在車上共處十九個小時，白人老千一時興起，邀我共玩。我只好不客氣地扮豬吃老虎，騙了兩杯啤酒喝。白人老千一看筆者的「郎中」架式，就立刻叫停了。

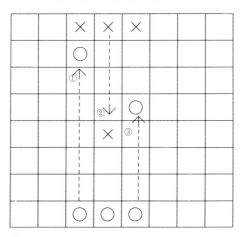

本文取材自 Dan Pedoe 所著的 The Gentle Art of Mathematics, Penguin books。經李宗元與筆者合力改寫後，載於科學月刊第六卷第四期，1975 年 10 月出版。本文曾作部分修訂。

附註

註 1：拈是取物的意思。當年由廣東到美國做工的華工受
到美國英文的影響，除 nim 這個字外，常見的還有
chopsuey，為雜碎的廣東話發音，及 catchup，為
（蕃）茄汁的廣東話發音。

註 2：1 到 10 共有 10 個數，對三堆數目均一樣的有 $_{10}C_1$
＝10 種型態；對二堆數目相同，另一堆不同的有
$_{10}C_2$＝90 種型態；對三堆均不同數目的有 $_{10}C_3$＝120
種型態。故有 10＋90＋120＝220 種型態。

第十篇 數學中的「可能」與「不可能」

孟夫子有一句話說：「挾太山以超北海，曰我不能，是真不能也。為長者折枝，曰我不能，是不為也，非不能也。」而同樣地，在日常生活中，我們聽到的「不可能」也有好幾種，例如：

　　㈠我不可能從三樓跳下去，因為我不是武俠小說中的人物，我不會輕功。

　　㈡我現在不可能與你見面，因為你人在台南，而我在台北。

　　㈢我不可能投票選舉，因為我還未滿二十歲。

上述這些情形，就是所謂的「真不能也」。而下列情形：

　　㈠星期假日電影院人很多，我們不可能買到票的。

　　㈡鋼琴這麼難學，我不可能學會的。

　　㈢這次班會，我不可能選「王一大」當班長，因為我非常討厭他。

這些都是所謂的「不為也，非不能也」。你自己想想看，你是否也曾用「不可能」作為「不想做」的藉口呢？

　　在數學裡，我們同樣也有「可能」與「不可能」的情形。但是，數學裡的「可能」與「不可能」都是要加以證明的，也就是說要舉出明確的理由，使人人都能信服。下面，我們舉例來說明。

問題 1   用8行8列共64個小正方形，拼湊成一個大正方形，然後在對角上去掉2個小正方形，得到下圖。試問，如果要把此圖切成2個小正方形連在一起的長方形31個，可能嗎？如果可能，如何切？如果不可能，又為什麼？

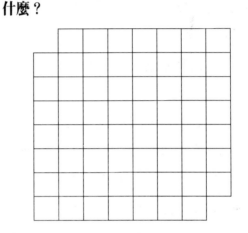

　　這個問題乍看之下好像很容易，其可能性似乎無庸置疑。於是，許多人一開始就動手切割，但操作後才知道，切到最後總是剩下兩個不連在一起的小正方形。所以，試了幾種切法之後，大部分的人都確信這是不可能的。

　　但是，為什麼不可能？要說出一個明晰的理由出來，令人信服也很不容易。下面將兩位學生所給的理由提供讀者參考。

甲生的解法：他先把圖形沿著邊切，把原來的圖形簡化成 6 行 6 列的情形：如下圖所示，圖中是用長方形的兩對角線，表示那 2 個連在一起的小正方形所構成的長方形是一起切掉的。

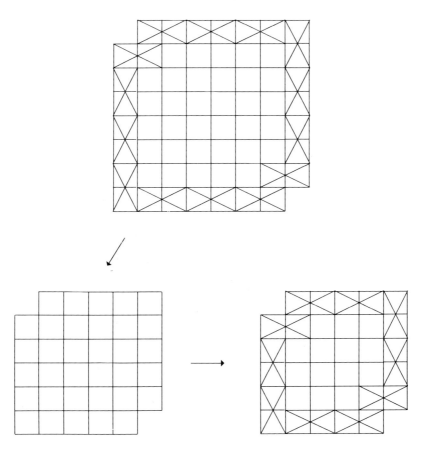

　　然後，再接下圖所示的方式，逐步化簡成 4 行 4 列的情形，再簡化成 2 行 2 列的情形，如上頁下面的兩個圖與下圖。最後他推論說，既然問題可以簡化成 2 行 2 列的情形，而 2 行 2 列的圖形又不能按照規定的方法切，所以原來的圖形不能按規定的方法切。

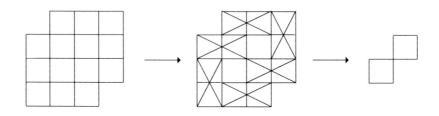

　　你覺得這個理由如何，清楚嗎？令人信服嗎？如果你認為不清楚，那又為什麼呢？你能抓出他所給理由中的漏洞嗎？不然，也許你能說出更令人信服的理由。

　　這裡指出在上述推論中，有一個邏輯上的漏洞：即在他的簡化過程中，我們只能說：「如果 6 行 6 列的圖形能按規定的方法切割，則 8 行 8 列的圖形也能按規定的方法切割。」但反過來並不成立，即我們無法得到「如果 6 行 6 列的圖形不能按規定的方法切割，則 8 行 8 列的圖形也不能按規定的方法切割」的結論。

　　由於這個邏輯上的漏洞，甲生的解法當然算錯。一般說來，把問題簡化後再加以解決，是數學裡解題時最重要的方法之一。很可惜，2 行 2 列的情形是否定的，不然這是個漂亮的解法。

乙生的解法：乙生是西洋棋的高手，他把這問題看了老半天後，決定先把問題中的圖形塗上顏色，使之變成他熟悉的西洋棋盤的樣子，如下圖所示。由於西洋棋的棋盤是由 8 行 8 列共 64 個小正方形組成的，而且對角上並沒有去掉兩個小正方形，所以他把原來問題中切去的那兩個小正方形，補畫在旁邊。

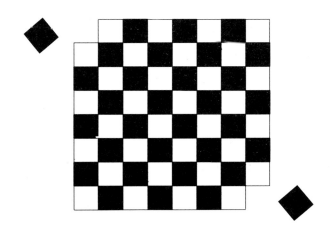

他指著此圖說：如果要把兩個相連的小正方形一起切去，則切出來的長方形一定是一半白的一半黑的，如下圖的形狀之一。

在原來的西洋棋盤上，黑白小正方形的數目剛好一樣多。但在我們的問題中，把西洋棋棋盤對角上的 2 個小正方形去掉，一定去掉 2 個同顏色的小正方形。這樣數目就不湊巧了，如上頁圖所示，黑色小正方形只有 30 個，而白色小正方形則有 32 個，所以沒辦法照規定的方法切。

乙生的解法純靠他對西洋棋盤的熟悉，這種機緣並不容易碰到。還好這種題目並不多，不然數學家都要以下西洋棋作為副業了。其實，很多數學家不只喜歡下西洋棋，也喜歡各類棋類和紙牌遊戲，因為要在這類遊戲中取得勝利，一定要去找規律。

如果要把上面的問題加以一般化，就不像上述的那樣單純，下面讓我們花點篇幅，分成兩個問題，把題目完整地說出來。

問題 2 **如上題那樣，用小正方形構成 n 行 n 列的大正方形，然後去掉對角上的兩個小正方形。要把這樣得到的圖形，剪成兩個小正方形連在一起的長方形。可不可能？可能的話，請剪出來：如果不可能，請證明。**

答案當然是不可能，證明需要分成 n 為奇數與偶數處理：n 為奇數時，顯然不可能（為什麼？讀者想想看）！n 為偶數時，仿照上面乙生的方式證明就可以，留給讀者自行練習。

問題 3 **用小正方體構成 n 行 n 列 n 層的大正方體，然後在對角上去掉 2 個小正方體。要把這樣得到的形體，切成 2 個小正方體連在一起的長方體，可不可能？可能的話，請說明切割的方法：如果不可能，請證明。**

這個問題就不像上題那樣簡單了：即使我們可以把小正方體都塗上顏色，我們也不能從圖形中看出來；即使我們可以把不同顏色的小正方體數目正確地算出來，把結果表達出來時，也無法講清楚。在你往下繼續閱讀之前，是否停一下，想想看。若沒感到這些困難，很好，把題目做出來。不然，你也要想想該如何解決這個困難。

比較正規的數學解法，是把每個小正方體附上一個標

籤，這種標籤是 3 維的坐標，例如，在第 4 行第 5 列第 6 層的小正方形體，其標籤就是（4，5，6）。顯然，相鄰的 2 個小正方體，其坐標有 2 個相同，另一個不同的則只相差 1。所以，這樣的 2 個小正方體的三個坐標的和，只相差 1。所以，看三個坐標和為奇數時是黑色，則和為偶數時就是白色。

現在我們仿照問題 1 的想法，把小正方體塗上黑白相間兩種顏色。坐標和為奇數的塗黑色，坐標和為偶數的塗白色。這樣，相鄰的兩個小正方體就一定不同色。所以切下來的兩小正方體相連的長方體，也如問題 1 中的長方形一樣，一定是黑白相間的，如下圖所示。

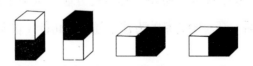

當 n 為奇數時，n×n×n 個小正方體去掉 2 個，剩下奇數個小正方體：所以無法 2 個 2 個的切而不剩。

當 n 為偶數時，n×n×n－2 為偶數，故無上述的顧慮。假定去掉的是（1，1，1）與（n，n，n），

則因為： $1+1+1=3$　　為奇數

$n+n+n=3n$　　為偶數

故（1，1，1）是黑色，而（n，n，n）則是白色的小正方體。剩下來的 n^3-2 個小正方體中，它們的黑白數目相符，所以，從理論上說，上述的切割是可能的。但是，要怎樣切割呢？

讓我們先把第 n 層連著第 1 列，一起切下來。因為第 n 層是由第 3 坐標為 n 的全體小正方體組成，而第 1 列則由第 2 坐標為 1 的全體小正方體組成。所以，剩下來的小正方體的坐標（i，j，k）的範圍為（注意，原題目中「被」拿走的兩個小正方體，剛好在被切走的第 n 層和第一列「上」，所剩下的是個完整的長方形）：

$$1 \leq i \leq n \ , \ 2 \leq j \leq n \ , \ 1 \leq k \leq n-1$$

由於 n 為偶數，我們不難把上述範圍內的小正方體，作如下的配對（配在一起的 2 個小正方體，一起切割下來）：

$$（2m-1，j，k）\longleftrightarrow（2m，j，k）$$

$$1 \leq m \leq \frac{n}{2} \ , \ 2 \leq j \leq n \ , \ 1 \leq k \leq n-1$$

不難看到，在上述範圍的小正方體，在此種配對下，2 個 2 個配成一對，剛好配完。

剩下來的問題是，如何把剛才切割下來的第 n 層，連著第 1 列上的小正方體加以配對。如果我們能把這些小正方體，作適當的配對，則問題就解決了。

　　為了使說明更具體些，我們畫了一個 n＝8 的圖以資
參考，如下圖。讀者不難理解，n 更大（或更小）時，情
形也不至於相差太大。

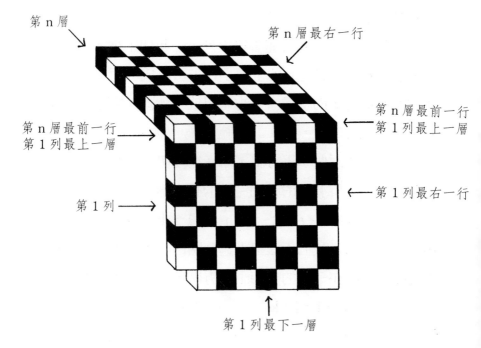

　　在這裡，我們再把第 n 層的最右一行，連同第 1 列的
最右一行與最下一層，一起切下來。在其上的小正方形的
坐標範圍是：

　　　第 1 列最下層……（i，1，1）其中 2≤i≤n，

　　　第 1 列最右行……（n，1，k）其中 1≤k≤n，

第 n 層最右行……（n，j，n）其中 $1 \leq j \leq n-1$。

注意到，在這樣的羅列方式中是有重複的，譬如說，（n，1，1）所表示的小正方體既在第 1 列的最下一層上，也在第 1 列的最右上一行；同理，（n，1，n）表示的小正方體，也同時在第 1 列的最右一行，與第 n 層的最右一行上。我們把這些小正方體作如下的配對：

在第 1 列最下一層（最右的那個小正方體不用）

$$（2m，1，1）\longleftrightarrow（2m+1，1，1）$$

$$1 \leq m \leq \frac{n}{2}-1$$

在第 1 列最右一行（每個小正方體都用到）：

$$（n，1，2\ell-1）\longleftrightarrow（n，1，2\ell）$$

$$1 \leq \ell \leq \frac{n}{2}$$

在第 n 層最右一行（最前面的那個小正方體已用過）：

$$（n，2p，n）\longleftrightarrow（n，2p+1，n）$$

$$1 \leq p \leq \frac{n}{2}-1$$

不難看到，上述的小正方體，在這種配對下，2 個一對，剛好用完。剩下來的小正方體的範圍是：

第 1 列……（i，1，k），

　　　其中 $1 \leq i \leq n-1$，$2 \leq k \leq n-1$

第 n 層……（i，j，n），

　　　　其中 1≤i≤n−1，1≤j≤n

請注意，為了免除重複，我們已把第 1 列的最上一層，放在第 n 層去了。我們把這些小正方體配對如下：

第 1 列（最上一層的小正方體都不用）：

　　（i，1，2m）⟵⟶（i，1，2m+1）

　　$1 \le i \le n-1$，$1 \le m \le \dfrac{n}{2} - 1$

第 n 層（剩下來的小正方體統統用到）：

　　（i，2ℓ−1，n）……（i，2ℓ，n）

　　$1 \le i \le n-1$，$1 \le \ell \le \dfrac{n}{2}$

這樣，我們的配對就完成了。把配在一起的 2 個小正方體切割下來，就是題目所要求的切割方式了。

　　希望我們上面所提的例子，能使讀者理解，數學中所謂「可能」與「不可能」的含義。

本文原刊載於國中生月刊第三卷第四期，科學出版事業基金會發行。1984 年 12 月出版。本文是筆者於 1984 年 10 月在和平國中一、二年級數學資優班講授的補充教材的一部分。本文曾作部分改寫。

第十一篇　零多項式的次數

一、0 的困惑

　　0 這個數，在所有的數之中是很特別的。譬如說，它的相反數就是 0 自己；不管什麼數與 0 相加都等於那個數它自己；什麼數減去 0 都等於它自己；什麼數與 0 相乘都得到 0；0 不能作除數，不能作分數的分母等，這些都是其他數所沒有的性質。

　　把數看成多項式時，0 這個多項式就更特別了。除了繼續保有上述的性質外，它還擁有一個很特別的名稱——零多項式。但最奇怪的事情莫過於它的次數了：除零多項式之外，每一個多項式都有次數，但對零多項式的次數，絕大部分的數學課本，都採取馬馬虎虎的態度說：「零多項式沒有次數的意義」。有些課本卻採取吞吞吐吐的態度說：「我們不規定零多項式的次數」。

　　粗心的讀者一定不覺得兩者之間有什麼不同，反正都是在說明「零多項式沒有次數」這回事罷了。但對於在 S.M.S.G. 新數學（ 註 ）的醋缸內泡過一段時間的某些人，兩者之間差異可就大啦！因為他們早就養成了非把「定義」弄得一清二楚，不然絕不甘休的精神，一定要

「打破沙鍋問到底」。

於是提出了這樣的質疑：後一類課本的「不規定」到底是什麼意思？如果是「不能規定」，則與前一類課本的說法一致。但為什麼寧願打啞謎，而不明講呢？所以，也許是「不方便在此規定」的意思吧？如果是後者，則後一類課本似乎還承認零多項式是有次數的！果真如此，它的次數是多少呢？為什麼前一類的課本又否認這件事呢？

這一系列令人頭昏腦脹的問題，好像把我們帶進了偵探小說的世界裡，「零多項式的次數」此問題的神祕性，簡直比偵探小說中的情節，更具懸疑的氣氛。難道數學家都是天生的偵探小說家嗎？

身為中學數學課本的編者群成員之一，筆者只好履行釋疑的義務，細談其來龍去脈，幫助讀者抓住「零多項式的次數」這個神祕的嫌疑犯。不過說來話長，希望讀者準備一些耐性。

二、數學這個東西

數學這個東西是，人類為了要解決問題，而根據日常生活中觀察到的一些現象，歸納其規律而成的一門學問。

例如，世界上本來沒有 1、2、3 等抽象的數，只有 1 頭牛、2 隻羊、3 個人等具體的量。但我們聰明的老祖宗，從他們豐富的生活經驗中觀察到，具體量的運算裡有許多相似之處：

（1 頭牛）與（2 頭牛）合起來是（3 頭牛）
（1 隻羊）與（2 隻羊）合起來是（3 隻羊）
（1 個人）與（2 個人）合起來是（3 個人）

如果對每一類的具體量，如桔子、花、鳥等等，都要分別寫出與上述句子相似的結果，那就太煩人了。為了方便起見，乾脆把上述的相似結果，統一寫成下列式子：

（1 個××）與（2 個××）合起來是（3 個××）

式子的××可以表示人、牛、羊等，視使用人的需要而定。如果把××省略掉，並且用符號"＋"和"＝"取代括號外的文字，我們就得到抽象的數 1，2 與 3 等，與它們的抽象運算了：

$$1+2=3$$

有了這些抽象的結果後，就像在工具箱中增添了一些工具

一樣，我們可以按需要隨時加以取用。

照這種粗略的看法，數學實在是人類為了解決問題，而製造出來的工具——這就叫做**數學的工具觀點**。就像人類，為了解決吃飯的問題，需要製造出碗盤、筷子或刀叉一樣，人人都可製造，在別人不替你製造的情況下，還得自己想辦法製造。為了解決同樣的問題，不同的人也可以製造出不同的工具，如我國的筷子與洋人的刀叉。反正是「條條大路通羅馬」，只要肯動腦筋去想就能解決問題。

把數學看成工具，應用到科學上、工程上、經濟商業以及其他科目上，我們可以解決許多問題。所以，工具的性質雖然只是數學本質的一小部分，但去掉了這點功用，數學就不再有存在於學校課程中的價值了。譬如說，圍棋與數學有許多相似之處，但誰聽說過在學校必修圍棋課？

把這種看法應用到數學本身的材料上去，也是說得通的。數學中有些材料，是其他材料的工具，例如代數是幾何、三角等的工具。讀者不難由下列兩句話中得到印證：

　　數學是科學之母，代數是數學之母。

當然，我們可以把這種看法，應用到更細的數學材料上。例如，多項式的次數這個材料，就是為了數學上的某些功用而產生的。它的比較淺顯的功用，是在於驗算多項

式的加、減、乘、除等四則運算。

三、近似驗算

　　我們都知道，在作數的運算時，免不了有錯誤。人類好像天生離不開錯誤似的，但俗語說的好：栽一次跟頭學一次乖。人類的知識寶藏，大部分是由錯誤的經驗中累積起來的。作多項式的運算時，又何嘗沒有錯誤呢？所以需要驗算。

　　在作數的四則運算之後，正規的驗算方法是執行其逆運算：加法用減法驗算，減法用加法驗算，乘法用除法驗算，除法用乘法驗算。例如：

$$\begin{array}{r} 8296 \\ +\ 7125 \\ \hline 15421 \end{array} \qquad \text{的驗算是} \qquad \begin{array}{r} 15421 \\ -\ 8296 \\ \hline 7125 \end{array}$$

　　以上的例子，雖然看起來簡單，但對只有小學三、四年級程度的人，就不一定容易。我們不難想到：如果原來的運算頗為麻煩（因此才有錯誤），採用逆運算的驗算，也一定非常麻煩（所以也會有錯誤）。這種惡性循環，一

定困擾過我們的老祖宗們一段時間。後來一些心胸開闊，不斤斤計較的人，就想出了近似驗算的方法如下：

假定你欠我兩筆錢，一筆是 8296 元，另一筆是 7125 元，照道理我該向你討回 15421 元才對。但是，如果我的計算能力很差，我又不願為此缺點而蒙受太大的損失時，我就裝作很慷慨大方的樣子對你說：零頭乾脆就不用算了，一筆算是 8 千元，另一筆算是 7 千元，你只要還我 1 萬 5 千元就得了。

這樣一來，你一定被我態度的慷慨，心胸之開闊所感動，而在選議員時投我一票，而我也掩飾了我計算能力很差的弱點，真是皆大歡喜。

　　這種計算方式的要點在於，我只計算兩筆欠款的**主要部分**，即最高位數上的數，換句話說，就是千位上的 8 與 7，把它們相加得 15（這種基本加法的能力，是每個人都應學會的），15 千就是 1 萬 5 千，至於零頭就算了。能有這麼多錢借你的人，一定不在乎那區區的 421 元，算錯丟人更划不來。

　　這種算法當然是每個想當議員的人，都應該學會的。

我國古代在「學而優則仕」的思想影響下，算盤的計算方法，就一定先計算最高位上的數。數學家雖然當不成議員（主要是沒那麼多的錢借人），但還是學到了這種運算方式，並把它應用到多項式的運算上。例如，在計算

$$（8x^3+2x^2+9x+6）加（7x^3+x^2+2x+5）$$

的時候，這兩個多項式的哪一項才是主要部分呢？如果令 x＝10，就得

$$（8000+200+90+6）加（7000+100+20+5）$$
$$‖ \qquad\qquad ‖$$
$$8296 \qquad\qquad 7125$$

如此看來，當一個多項式中的文字 x，用一個很大的數去取代時，多項式的值之主要部分，就是由該式中文字 x 的最高指數那項得來的；若該項的係數是正的，則多項式的值就是正的；若該項的係數是負的，則多項式的值就是負的。例如：

$$f（x）=4x^4+2x^3+3x^2-6x+1，$$
$$則 f（10）=42241$$
$$g（x）=-5x^3+10x^2+30，$$
$$則 g（10）=-3970$$

所以，一個文字 x 的多項式中，最主要的部分就是文字 x 的指數最大的項，而這個最大的指數，就是多項式的次數（degree）。

　　關於多項式的次數，如何用於檢驗多項式的四項運算之結果，讀者不難在大部分的中學數學課本裡找到，即有下列的幾條。下面，以符號 deg 放在一個多項式之前，表示該多項式的次數，而括號外面的 max 是 maximum 的簡寫，表示取括號內各數之最大者：

　（一）設 f（x）和 g（x）都是不為零的多項式，則

　　deg〔f（x）±g（x）〕≦max｛deg f（x），deg g（x）｝

　（二）f（x）和 g（x）都是不為零的多項式，則

　　deg〔f（x）‧g（x）〕＝deg f（x）＋deg g（x）

　（三）若 g（x）是不為零的多項式，且以 g（x）除 f（x）所得的商式為 q（x），餘式為 r（x），則

　　　f（x）＝g（x）‧q（x）＋r（x）

　其中 r（x）＝0，或 0≦deg r（x）＜deg g（x）。

四、0 的身價

　　在零多項式中，我們實在找不到主要部分，所以按照

上面的說法，我們根本無法定出其次數。這就是前一類課本所謂的「零多項式沒有次數的意義」，而後一類課本的「不規定」，則實在是無能為力的意思。

試想，若一個人的財產有一千萬以上，則此人可稱為千萬富翁，等而下之有百萬富翁、十萬富翁、萬元富翁、千元富翁、百元富翁、十元富翁與幾元富翁。但若你身無恆產，身上連一毛錢也找不出來時，連數學家這樣慈悲為懷的人，都無法替你定出個身價來。

請千萬別以為數學家都恁地勢利眼，只替有錢的人定身價，其實他們有時也替窮人定身價的。不然，你查查中學數學課本好了，其中一定包含下列的教材：

$$\vdots$$
$$1000 = 10^3$$
$$100 = 10^2$$
$$10 = 10^1$$
$$1 = 10^0$$
$$0.1 = 10^{-1}$$
$$0.01 = 10^{-2}$$
$$\vdots$$

你知道這些式子就是數學家替數定身價的祕方嗎？不

知道？真是朽木不可雕也，明明寫在數學教科書上還說不知道。當然教科書上不能寫得太露骨，寫得太清楚就不成教科書了嘛！不維持這種表面上的道貌岸然，以後誰還肯請數學家寫教科書呢？這是窮數學家的必要外快，斷不肯就此輕易放棄！怪只怪你自己不肯多想，連不懂數學的孔夫子不也說過：「學而不思，殆矣哉！」嗎？

　　當一個王老五告訴媒人說：「我的銀行存款是 7 位數字」時，他的意思是他有百萬元以上存在銀行裏（這是數學家所知最好的求婚祕方）。照這個方法，數學家把所有的正數給定出一個身價來（負的數免談。抱歉！數學家向來不為欠債的人服務）：

$$31254 = 3.1254 \times 10^4 \cdots\cdots 身價為 \ 4$$
$$520 = 5.20 \times 10^2 \cdots\cdots\cdots 身價為 \ 2$$
$$0.14 = 1.4 \times 10^{-1} \cdots\cdots\cdots 身價為 -1$$
$$0.00089 = 8.9 \times 10^{-4} \cdots\cdots\cdots 身價為 -4$$

　　0 既然小於任意的正數，其身價就小於任意的負數，用堂而皇之的數學術語來說，就是「0 的身價是 $-\infty$」（符號 $-\infty$ 讀作負無限大，意思是只在小數點無限多位的地方，才可能有那麼一點兒東西）。

仿照這種方法，我們可以給所有的分式定出身價：設 A 與 B 是不為 0 的多項式，degA 與 degB 依次表示 A 與 B 的次數，則

$$分式\ \frac{B}{A}\ 的身價＝degB－degA$$

由此定義知道

$$\frac{1}{x}\ 的身價為－1$$

$$\frac{1}{x^2}\ 的身價為－2$$

$$……$$

用很大的數代替上述各分式中的文字 x 時，所得的值還是比 0 大，所以零多項式的身價，比這些分式的身價還要小，只好為 $-\infty$ 了。

可憐的零多項式，原來數學家不肯給你定身價（即定次數）的緣由，竟是為了給你保留一點面子。但你的身價獨佔了一個負無限大，去掉個負字，還有無限大的機會，就別太傷心了。

最後敬告讀者，有了 deg 0＝$-\infty$ 的定義後，本文第三節最後一段的㈠式與㈡式，若 f（x）與 g（x）中的一個或兩者為零多項式，甚至於當它們運算後得到的式子為

零多項式時，這兩個式子還是成立的。㈢式中的最後一行

$$r（x）=0 \text{ 或 } 0\leq \deg r（x）<\deg g（x）$$

更可以簡化成 $\deg r（x）<\deg g（x）$ 了。

本文原刊載於數學傳播季刊第 8 冊（第 2 卷第 4 期），中央研究院數學研究所發行，1978 年 5 月出版。本文曾作部分改寫。

附註

註：1957 年蘇聯的第一顆人造衛星升空後，美國朝野震驚，國會立刻通過大筆經費預算，加速推動太空計畫，並促進其基礎科學的研究與教學的改進。美國數學界在 1958 年成立了 S.M.S.G. 小組（School Mathematics Study Group），研究改進中小學的數學課程，寫出了一套實驗教材。我國於 1964 年引進其高中教材，1968 年引進其國中教材，全國通用，叫做新數學。由於新數學採用比較嚴密的定義與推論方式，一些數學教師鑽進了講究嚴密形式的死胡同，全盤否定了傳統訴諸直觀的定義方式，本文所談的問題因此產生。

第十二篇　真假分式

一、真假分式的困惑

在一次國中數學教學演示後的檢討會上，有位老師向我提出這樣的問題：設 A 是一個不為 0 的多項式，則分式 $\dfrac{0}{A}$ 到底是真分式，還是假分式？

當天演示的主要課題之一是分式，內容包含了分式的分類。演示的教材，取自新版的國中數學課本第二冊（ **註** ），該書在第 124 頁對分式的分類，作了如下的說明：

設 $\dfrac{B}{A}$ 是個分式，其中 A 與 B 是多項式，$A\not=0$。

若 $B\not=0$，且 $\deg B < \deg A$，則 $\dfrac{B}{A}$ 叫 **真分式**；

$\deg B \geq \deg A$，則 $\dfrac{B}{A}$ 叫 **假分式**。

若 $B=0$，則 $\dfrac{B}{A}$ 既不是真分式，也不是假分式。

這樣的分式分類方式，顯然困惑了一些國中的數學教師。其原因之一是真假分式的定義，與以往的一些中學數

學課本的說法稍有出入。譬如說，舊版國中數學課本第六冊（註），對真假分式的說法是如此的：

在一分式中，就某一不定元（即新版課本中所謂的文字）而言，若分子的次數低於分母的次數，這個分式叫做**對於該不定元的真分式**；若分子的次數等於或高於分母的次數，這個分式叫做**對於該不定元的假分式**。例如：$\dfrac{x^2+y-1}{x^2y^2+2}$ 是 x 的假分式，但為 y 的真分式。

明眼人一看即知，這兩種版本對真假分式的說法，不同之處計有下列兩點：

(一)舊版課本根本不明講分式 $\dfrac{0}{A}$ 是真分式還是假分式，或者兩者皆非。

(二)舊版課本對真假分式的定義，是針對某一文字而言的，而新版課本則不提其為真或假分式，是否對某一文字而言的，甚至舉了這樣的例子：

$$\dfrac{x^2+y^2}{x+y} \text{ 是文字 x 與 y 的假分式}$$

意思是當我們把 x^2+y^2 與 $x+y$ 視為兩個文字 x 與 y 的多項式時，上述分式就是此兩文字的假分式了。

對於這樣不同的說法，困惑的國中師生們何去何從？難道數學已經不再是永恆的真理了嗎？同一個名詞竟在不同版本的課本中，有這樣不同的說法。在本文後面的章節中，我們就來詳談這個問題，以便打開國中數學教學中這個困擾的「死結」。

二、數學裡的「規約觀點」

熟讀新舊版國中數學課本的讀者，不難找到兩種說法上差異的根源：新版課本因前面說過，0 這個多項式沒有次數，所以才說 $\dfrac{0}{A}$ 既不是真分式，也不是假分式。舊版課本則因不規定 0 這個多項式的次數，所以也不能說 $\dfrac{0}{A}$ 為真分式，或假分式，或者兩者皆非。

清楚了矛盾說法的根源，心裏當然就舒服得多，但這並不等於解決了問題，說不定更加困惑了：難道 $\dfrac{0}{A}$ 這個分式之為真或假分式，或兩者皆非，可以隨編書先生的高興而定的嗎？果真如此，為什麼不乾脆把它定成真分式，或假分式？這樣的規定豈不是方便得多，而且可使教學省

許多事？

　　看過上篇文章「零多項式的次數」後，本文的讀者更是振振有詞：「你在上篇文章中囉嗦了半天，最後定出 0 多項式的次數為 $-\infty$。$-\infty$ 是比任意實數都要小的數，所以分式 $\dfrac{0}{A}$ 中分母的次數一定大於 $-\infty$，即 $\dfrac{0}{A}$ 應該是個真分式。」言之確實成理，但數學家卻不作如此的看法。

　　數學中有一樣很少明白講出來的事物，叫做「方便的規定」，筆者的同事兼鄰居楊維哲先生稱之為**規約觀點**（conventionism）。本來筆者在本文的原稿上，已寫上「我的朋友楊維哲」的字眼，但老楊在先賭本文為快時，提出抗議說：「老黃，不是我不願意當你的朋友，因為我們本來就是老友。但是，能在文章上寫出『我的朋友』這樣的形容詞的權利，是專門留給像胡適之這樣大人物的朋友們的，小弟實在愧不敢當。」照我的看法，老楊起初想把 conventionism 譯成「規約主義」，就頗有與胡適之別苗頭的氣魄，胡適之不也把 positivism 譯成「實證主義」嗎？

　　閒話少說，言歸正傳。老楊雖然後來把規約主義的譯名，改成規約觀點，但讀者諒能體會出，有資格被稱作

「主義」的東西（即使只是很短暫的一段時間），一定是很值得一提的。下面我們就來談談這個東西。

　　原來數學有一特性，即，**數學是一種描述自然界與社會裡的各種現象的最好的語言**。譬如說，當你描述一位女郎身材之美時，「凹凸有致」固然較具詩意，但「三圍是36，23，36」則是直截了當，而且清楚多了。

　　數學既然是一種語言，它就擁有語言的一些性質，例如，在我國古代的語言中，「燈」本是油燈的簡稱，所謂三更燈火五更雞、燈火輝煌等是也。但在電燈這玩意的使用普及之後，燈也指電燈了，如「燈火管制」裡的燈當然指電燈。這種用法就是：

　　盡可能地用簡單的字眼（或名詞），來表達出更多的
　　東西（即推廣其含義）。

　　這就是數學中的「規約觀點」，很簡單是不是？讓我們舉個例子看看：在平面幾何中，兩條不相交的直線叫做互相平行。我們又觀察出，兩條平行的直線，其斜率一定相等（斜率的定義，請參閱任一套高中數學課本）。所以數學中常把「直線的平行」與「斜率相等的直線」視為一體。但兩條斜率相等的直線，可能最後發現它們原是同一

條直線（即重合）。為此緣故，我們把兩條重合的直線（其實只是一條直線）也叫做平行，換句話說，一條直線平行於它自己。

這個說法簡直荒唐之極：兩條直線重合時，它們相交於無限多點，怎麼可能平行？請別冒火，這就是數學中的規約觀點。採用了此「規約觀點」，我們只好把原先平行的定義改成：兩條不相交或重合的直線，都叫做平行。

這樣做有什麼好處？有的，因為我們這樣定義之後，就可以把直線間的平行關係，看成為數學上所謂的**等價關係**（equivalence relation），即具有下列三條優良性質的關係：

反身律（Reflexive law）——每條直線 ℓ 都平行於它自己，即 $\ell /\!/ \ell$。

對稱律（Symmetric law）——若直線 ℓ_1 平行於直線 ℓ_2，則 ℓ_2 也平行於 ℓ_1，即 $\ell_1 /\!/ \ell_2 \Rightarrow \ell_2 /\!/ \ell_1$。

遞移律（Transitive law）——若直線 ℓ_1 平行於直線 ℓ_2，且直線 ℓ_2 平行於直線 ℓ_3，則 ℓ_1 平行於 ℓ_3，即 $\ell_1 /\!/ \ell_2$ 且 $\ell_2 /\!/ \ell_3 \Rightarrow \ell_1 /\!/ \ell_3$。

上面的符號" $/\!/$ "表示平行，而" $\Rightarrow$ "表示「則有」或是「可推得」的意思。等價關係是數學上在討論數學物件之

間的關係時，我們能夠找到的最好關係之一，例如，數與
式子的相等關係，聯立方程組間的同義關係，圖形的全等
與相似關係等，都是等價關係。

　　把直線間的平行關係看成為等價關係，用起來特別方
便，尤其是遞移律，在平面幾何的證明中，常可碰到。例
如，我們在證明「任意四邊形的四邊中點，依次相連得到
的四邊形，一定是個平行四邊形」這個題目時，就會用到
對稱律與遞移律，證明如下。

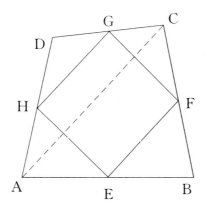

　　如上圖所示，ABCD 為一四邊形，E、F、G、H 依
次為 $\overline{AB}$、$\overline{BC}$、$\overline{CD}$、$\overline{DA}$ 的中點。在 △ABC 中 $\overline{EF}$ 為
兩邊中點連線，所以 $\overline{EF} \mathbin{/\mkern-5mu/} \overline{AC}$。同理，在 △ACD 中有
$\overline{GH} \mathbin{/\mkern-5mu/} \overline{AC}$。由平行關係的對稱律與遞移律知道，

$\overline{EF} \mathbin{/\mkern-5mu/} \overline{GH}$。同理可證，$\overline{FG} \mathbin{/\mkern-5mu/} \overline{HE}$。四邊形 EFGH 的兩雙對邊分別平行，所以是一個平行四邊形。

英文的 convention 與 convenient（方便）實為同一字根，所以規約觀點，又可以說是方便的規定。但方便並非隨便，我們不能毫無根據，毫無目的地胡亂規定。我們有下列原則：

數學上一定是為了達到某種包容更多事物的統一觀點，才加上一個方便的規定，而且這樣規定後，數學的發展能得到實質上的利益。

由此看來，規約觀點雖屬於數學的上層結構（Super－structure，指不呈現數學的實質內容而言），但卻是很嚴肅的一件事物，甚至在許多時候，幫忙了數學的發展（關於這方面，有許多實例可以提供出來，但限於篇幅，談這麼多已超出討論的本題甚遠，有些讀者也要不耐煩了，就此打住，筆者有空當另撰文詳談）。

三、真假分式的實用價值

了解了數學中的規約觀點之後，我們就來說明，不管

把 $\dfrac{0}{A}$ 規定成真分式，或假分式，都不合乎規約觀點的標準。因為這樣規定既無方便可言，實用上更談不上有所裨益。讀者應注意到，數學裡的所謂實用價值，是有其客觀標準的，與「教學上的方便」絲毫扯不上關係。我們也不能為了教學上的方便，而改變數學裡的原則。若要方便，乾脆把數學從學校的課程中取消，豈不是最為方便嗎？

細心的讀者一定開始懷疑：你在這裏談實用，到底定出真假分式的名詞出來有什麼用？你在上篇文章「零多項式的次數」中說到，數學是為了解決問題而製造的工具，那麼真假分式這些名詞的產生，數學家是為了要解決哪些問題呢？

我真忍不住要稱讚一聲，孺子可教也。這樣快就體會到數學家不使虛招的特點。本來嘛，人生在世就應該像數學家這樣，腳踏實地的努力工作，不耍花槍，不弄噱頭才是真正的好公民。但世風日下，看來連這點最起碼的作事態度，也變成數學家可愛的優點了。

是的，數學家絕不至於為了要使莘莘學子在高中聯考或大學聯考時，烤得焦頭爛額，才定義出一個數學名詞的。數學家沒有虐待狂，豈會這樣沒良心地摧殘國家的幼

苗呢？我向親愛的讀者保證，數學家都是最愛護後輩的忠厚長者（當然，最主要的原因是，這樣做並不會增加數學家的收入）。

那麼，真假分式的名詞，為什麼在數學的領域中出現呢？這個問題可以分成兩個方面來看：分式發展過程的方面，與實用上的方面。這裏既然談到實用，我們就先來看實用方面的原因。

如果讀者翻閱任一套高中的理科數學課本，其中一定有一冊談到部分分式（或分項分式），在那裡必然可以找到下列的定理：

設 $\dfrac{f(x)}{g(x)h(x)}$ 為一真分式，其中 $f(x)$，$g(x)$，$h(x)$ 都是文字 x 的多項式，且 $g(x)$ 與 $h(x)$ 為互質（即沒有次數大於 0 的公因式），則該分式可寫成下列的形式：

$$\frac{f(x)}{g(x)h(x)} = \frac{g_1(x)}{g(x)} + \frac{h_1(x)}{h(x)}$$

其中 $g_1(x)$ 與 $h_1(x)$ 都是由原分式唯一決定的多項式，且等號右邊的兩個分式都為真分式。例如

$$\frac{2}{(x-1)(x-2)(x-3)} = \frac{1}{x-1} - \frac{2}{x-2} + \frac{1}{x-3}$$

在上面的式子中，顯然等號右邊的式子，看起來比左邊的式子簡單。但是其用處不只是好看，而是為了積分用的。學過微積分的讀者一定知道，在積分等號左邊的分式，應該化成等號右邊三個分式的積分，才能計算出來

$$\int \frac{2dx}{(x-1)(x-2)(x-3)}$$

$$= \int \frac{dx}{x-1} - \int \frac{2dx}{x-2} + \int \frac{dx}{x-3}$$

上述定理對積分的技巧是必要的結果，而該定理一定得是真分式才成立，假分式時就不成立了（讀者不妨自己找一個假分式的例子試試看）。原來真假分式的用處就在這裡。筆者可以奉告讀者，除此之外，真假分式就沒其他的用處了。

有了這個了解後，讓我們回頭看原來的問題，即到底應該把 $\frac{0}{A}$ 定為真分式或假分式。$\frac{0}{A}$ 這個分式就是 0 多項式，其積分非常簡單，所以不需要問它是真分式，或假分式。說的更明白些是：0 是真分式，還是假分式？這個問

題是個無聊的問題，即在數學上是根本不成問題的問題，換句話說，它不是數學問題。

四、心理的負擔

請不要生氣，暫且平心靜氣地想想：在你沒讀這篇文篇前，如果有人貿貿然來告訴你，這個問題不是個數學問題，你會相信嗎？說不定你更加生氣：這明明是數學課本上寫不清楚的問題，怎能說它不是個數學問題？

你看，這就是筆者每次參加國中數學教學觀摩會的經驗。在一些教育官員滔滔不絕的演講後，留下來給我回答問題的時間，總是那麼短。要筆者在那樣短的時間內，把上述的話講清楚是非常不容易的。加上問題又是那麼多，筆者絕不可能對每個問題，作詳細的答覆，而簡短的說這樣的問題沒意思，又要挨別人的白眼，筆者該怎麼辦？

舊版的國中數學課本根本不提 $\dfrac{0}{A}$ 是真分式，還是假分式，使得飽受 S.M.S.G. 新數學的惡劣影響下的國中老師，把筆者追得上天無路，入地無門。筆者只好在新版的國中數學課本中，採取偷懶的辦法：沿著 0 多項式無次數

的規定，來規定 $\dfrac{0}{A}$ 這個分式既不是真分式，也不是假分式，希望數學老師在出考題時，不要再出這麼無聊的題目。沒想到還有人要緊追到底，筆者只好寫此篇文章來說明了。

　　筆者在長久思索下，最近才發現一個事實，這個問題之所以會有那樣多人喜歡問（其實，這不是新版國中數學課本出版後才有的問題，在這之前，就有許多國中老師問這個問題），主要是個心理問題。怎麼說呢？在我國日常生活的語言中，「真」與「假」是兩個互相對立的概念。不是真的，便是假的；不是好人，便是壞人；不是敵人，便是朋友等都是單純的把人與事物，作一分為二的天真想法，不容許有第三者，或中立派客觀的存在。

　　這種心理的負擔對學數學而言，可就不是件好事情（其實在生活上也是一樣，世上很少有完全的好人，完全的壞人，大部分人都是半吊子的好人，半吊子的壞人），數學上常常需要作「三分法」、「四分法」等等，至少「十分法」就是我們用的數的進位方法。其他例子也就不必一一列舉了。

　　事實上，這種幼稚的「二分法」在我們的腦海中，已

經根深蒂固。筆者最近回想電影「真假公主」（尤勃連納與英格麗褒曼合演）的情節時，才恍然大悟筆者也犯同樣的毛病。這就是筆者以前看不懂該影片結局的原因：其結局似真非真，似假非假，到底女主角是真公主，還是假公主，根本不加交代。編劇與導演就是利用這種心理，使觀眾對這部電影回味無窮。

顯然，真假分式中的「真」與「假」，都不包含日常生活中「真」與「假」的意思。真假分式中的「真」與「假」兩字，只是數學借用的形容詞，其理甚明。所以會有既不是真分式，也不是假分式的分式存在，也不足為怪了。同理，與真假分式的問題一併提出來的「真假分數」的問題，也可作類似的解釋。

五、真假分數

真假分數的名詞，所有讀者都很清楚，並不需要加以說明。被 S.M.S.G. 新數學弄得心慌意亂的讀者，如果不那麼篤定，不妨去查數學課本（新版國中數學第一冊，舊版第一冊），保證你查不出任何與你想像中不同的定義。

真假分數的名詞，又為什麼會出現呢？讓我們先由分

數的起源談起。

　　古代 2 個人分 3 個瓜時，常不管瓜的大小，每人先分 1 個，剩下一個對半剖開，一人一半。也就是說，每人拿到的瓜數為 $1+\dfrac{1}{2}$。這個數告訴你，你分得的瓜中，有 1 個是完整的，另一個只有一半。所以 $1+\dfrac{1}{2}$ 中的 1 是你得瓜的完整部分，$\dfrac{1}{2}$ 則是殘缺部分。

　　要知道，這在古代是一個很重要的概念，因為在沒有電冰箱的時代，一個剖開後的瓜是很容易腐爛的，應該趕快吃掉，而完整的瓜則可保存較長的一段時期。所以古人分瓜時，一定把分得的瓜數，盡可能的寫成下列的形狀：

完整部分＋殘缺部分

　　例如：2 人分 3 個瓜，每人分得的瓜數是 $1+\dfrac{1}{2}$

　　　　　2 人分 4 個瓜，每人分得的瓜數是 $2+0$

　　　　　4 人分 2 個瓜，每人分得的瓜數是 $0+\dfrac{1}{2}$

若瓜數只含完整部分，而沒有殘缺部分時，古人叫該數為

正整數（整數的「整」字由此而來）；若瓜數只含殘缺部分，而不含完整部分時，則古人叫該數為分數。注意到，我國的「分」字是由「八」與「刀」合起來的，並不是說分瓜時一定得切八刀，而是形容分的時候，常常用刀切成好多塊（八在此與「七手八腳」中的七、八用法類似）的意思。所以當古人說：「我得的瓜數為分數。」時，意即他只得殘缺部分（故古人的分數，是今人的真分數）。若瓜數含有完整部分與殘缺部分，則古人叫該數為帶著分數的數，簡稱帶分數。

　　後來人心不古，分瓜時就斤斤計較起來了。筆者的一個祖先黃瓜分先生，是與孔老夫子同一時代的人。從他取的名字，就知道他是一個職業瓜分家。在留給後人的遺作「職業瓜分家必讀」中，他就曾提到歷史書上找不到的一則故事：

當時地主與佃農之間是收成後對半分。有某佃農向地主租得一塊小地種瓜，當年只收成了 3 個瓜。照周公之禮來分時，應該是地主先拿一個，佃農拿一個，剩下一個對半分。但佃農看到 3 個瓜的斤兩實在相差太大，而佃農家口又多，怕分到小瓜不夠吃，乃堅持採

取「公平」的原則，3個瓜都對半分，每人拿3個一半的瓜。地主因佃農身強力壯，又拿著大菜刀，只好讓步了事。

這個佃農其實就是黃瓜分先生他本人，後來人家看他分瓜很公平，常叫他去幫忙分瓜，於是得到了職業瓜分家的雅號。由於黃瓜分先生到處幫人分瓜的結果，使得這種斤斤計較的分瓜方法，大大地流傳起來。史家在記載分瓜的數目時，不免感到十分地為難：因為2個人分3個瓜時，每個人只分得3個一半的瓜，只好記成每個人分得 $\frac{1}{2} \times 3$ 個瓜，後來把這個結果簡記成 $\frac{3}{2}$ 個瓜。因為 $\frac{3}{2}$ 個瓜中沒有完整部分，只有殘缺的部分，所以只好把 $\frac{3}{2}$ 也叫做分數。

　　同理，2個人分4個瓜時，如果瓜的大小相差很多，每人就分得4個一半的瓜，記成 $\frac{4}{2}$ 個瓜，於是 $\frac{4}{2}$ 也叫分數。但是，如果瓜是一樣的大小時，$\frac{3}{2}$ 個瓜就是1個整瓜加上半個瓜，而 $\frac{4}{2}$ 個瓜就是2個整瓜，即此時有

$$\frac{3}{2} = 1 + \frac{1}{2}$$

$$\frac{4}{2} = 2$$

所以從那個時候開始，帶分數與正整數也叫分數了。

為了區別古代的分數，以及黃瓜分先生分瓜後得到的分數的不同，就把古代的分數叫做真分數，而後來黃瓜分先生出現後才叫分數的那種分數，叫做假分數。真假分數的區別，可列表說明如下：

設 a 個人分 b 個瓜，每人分得 q 個整瓜，剩下 r 個瓜不切開就無法分時，即

$$b = aq + r，0 \leq r < a$$

則每人分得的瓜數為 $\frac{b}{a} = q + \frac{r}{a}$，其中 q 為完整的部分，而 $\frac{r}{a}$ 為殘缺的部分。

q	$\frac{r}{a}$	$\frac{b}{a}$ 的古代名稱	$\frac{b}{a}$ 的後來名稱
$=0$	$\neq 0$	分　　數	真分數
$\neq 0$	$\neq 0$	帶分數	假分數
$\neq 0$	$=0$	正整數	假分數

由此看來，「$\frac{0}{2}$ 是真分數，還是假分數？」這個常常發生的問題，實在要讓黃瓜分先生在九泉之下笑掉大牙：2 個人分 0 個瓜，還要斤斤計較分得的瓜數為真分數，還是假分數！

六、真假分式

讀者當然清楚，上節有關黃瓜分先生的故事，根本就是筆者杜撰的。雖然如此，但故事卻很能表達數學史上分數產生時，不同表達形式的等值分數的認同步驟，以及人類對「分數」這個新生概念（或事物）的接納過程。

人類是猿猴科的動物，雖好奇心強，也很有創造力，但因身上天生沒有犀利的攻擊設備（如尖角厲爪等），也沒有堅強的防禦工事（如硬厚的皮甲、鱗殼等），性格上自然帶有遇險即逃的強烈傾向。當他們遭遇到一些不熟悉的事物時，這種天生的懦弱性格立刻表現無遺（勇敢是違反人性的表現，所以或是無知，或是大智的行為）。

由此看來，人類對新生事物會自動排拒的現象，一點也不足為怪。一個很有趣的例子，是清朝中葉以後由西洋傳入我國的照相機，國人為了無知而恐懼、排斥它，還流

傳著「攝影會把人的靈魂攝走」的說法，作為藉口來掩飾他們對此新生事物的恐懼心理。

人類對新生事物的接納過程，是盡可能的把它與舊經驗結合起來，譬如說把分數變成他們已經很熟悉的整數：$\frac{4}{2}=2$，即使只有一部分熟悉，心裏也會覺得好過一些：$\frac{3}{2}=1+\frac{1}{2}$。如果無法做到這點，就只有慢慢累積對此新生事物的經驗了。但是，這種「多見不怪」的過程非常緩慢，前述的過程就順利多了。

其實，縱觀整個數學的發展史，甚至於人類整個文化的發展過程，都是在原來舊有的基礎上，才能建立起新的事物或概念。例如，對熟悉整數的人來說，整數已是他潛意識中的一部分，當他學到新的數（分數或小數）時，一定得想辦法使其與原有的知識（整數）關聯起來，甚至融合成一團，這樣才能算是真的把分數學到手。

學習者如果無法做到這樣的掛鈎工作，他學到的東西就是空的，浮游在他意識層的上部，經過一段時間後就會忘記掉，我們今天的學童在學校學到的知識，有許多就是這樣空洞，而無法變成學童知識基礎的廢物。例如，牛的

反芻，在小學就學過了，但有多少小孩真正看過牛反芻的情形。所以，學校裡教「反芻」只不過在學童的字彙中，增加一個空洞的名詞罷了，無法使他們有具體的理解。

學到手的數學知識，常常變成此人直覺的一部分。當碰到新的數學課題時，他就可以利用他的數學直覺，來試探、學習、連繫。所以筆者一向主張，數學教學要依靠直覺，不要只講形式化，就是這個意思。可惜大部分的數學老師，對筆者的論調或嗤之以鼻，或當耳邊之風，真是好人難做。

這種數學敎學法的另一個好處是，能夠培養學生對數學的自信心。有豐富生活經驗的讀者，一定早就體會到，自信心是完成任何事情最重要的因素，包含學數學在內。新的數學材料，如果與學生的舊有經驗關聯起來後，學生一方面感到比較有興趣，另一方面則感到這個材料，並不那麼陌生，比完全陌生的材料，容易學到手，於是學習的自信，就會自然的產生。

按照筆者的意見，一個人學數學的學習過程就是按照下面圖示的步驟進行的：

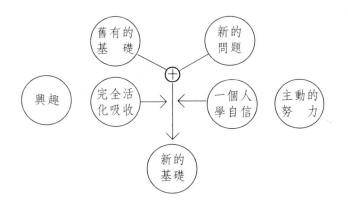

　　分式的發展也是如此：分式產生前，人類對整式（即多項式）已有相當程度的了解了。由實際問題引入分式後，我們把它與原有的知識（多項式）關聯起來，即把分式化成

$$整式＋真分式$$

的形狀。讀者諒必也注意到，這種關聯的方法，其實就是把分數與整數關聯起來的老方法——這也是人類舊有的經驗，實質上，「由整數發展到分數」與「由整式發展到分式」的平行發展過程，就是分式發展的過程。

　　清楚了這點後，我們就了解真假分式，在分式的發展過程中出現，原來是仿照真假分數的結果，由這個觀點來

看，$\dfrac{0}{A}$ 之為真假分式的問題，也變得沒有意義了。$\dfrac{0}{A} =$

0 是一個最簡單的多項式，沒有必要去怕它，即不需要問
它是否為真或假分式。最後我們仿照真假分數列表的方
法，來判別真假分式：

> 若 f（x）與 g（x）都是多項式，g（x）≒0，
> 用 g（x）去除 f（x）得到商式 q（x），餘式
> 爲 r（x），即：
> $$f（x）=g（x）q（x）+r（x），$$
> $$\deg r（x）<\deg g（x）$$

則分式 $\dfrac{f（x）}{g（x）}=q（x）+\dfrac{r（x）}{g（x）}$ 之爲真分式或假

分式可由下頁表來判斷。

q（x）	r（x）	$\dfrac{f（x）}{g（x）}$ 之分類	
＝0	$\neq$0	真分式	
$\neq$0	$\neq$0	帶分式	假分式
$\neq$0	＝0	整式	
＝0	＝0	整式	不必要談

本文原刊載於數學傳播季刊第 9 冊（即第 3 卷第 1 期），中央研究院數學研究所發行，1978 年 8 月出版。本文曾作部分改寫。

附註

註：本文是 1978 年寫的文章，所謂新版的國中數學，是在教育部於 1972 年公布的課程標準下，由國立編譯館請王文思、陳銘德、李嘉淦及筆者四人共同執筆，所寫的課本。至於舊版的課本，則是在教育部於 1968 年公布的課程標準下，由羅芳華、康洪元及蔡英藩三人執筆於 1970 年寫成的第一版本，於 1971 年起由蘇競存、項武義、周元燊、施拱星、趙民德、賴東昇、繆龍驥、陳尚慧及筆者共同修訂而成。

永然法律事務所聲明啟事

　　本法律事務所受心理出版社之委任爲常年法律顧問，就其所出版之系列著作物，代表聲明均係受合法權益之保障，他人若未經該出版社之同意，逕以不法行爲侵害著作權者，本所當依法追究，俾維護其權益，特此聲明。

永然法律事務所

李永然律師

數學教育 3

規律的尋求

作　　者：黃敏晃
執行編輯：陳文玲
執行主編：張毓如
總　編　輯：吳道愉
發　行　人：邱維城
出　版　者：心理出版社股份有限公司
社　　址：台北市和平東路二段 163 號 4 樓
總　　機：(02) 27069505
傳　　真：(02) 23254014
郵　　撥：19293172
　E-mail　：psychoco@ms15.hinet.net
網　　址：www.psy.com.tw
駐美代表：Lisa Wu
　Tel　：973 546-5845　　　　Fax：973 546-7651
法律顧問：李永然
登 記 證：局版北市業字第 1372 號
印　刷　者：翔勝印刷有限公司
初版一刷：2000 年 4 月
初版二刷：2002 年 2 月

ISBN 957-702-373-8

國家圖書館出版品預行編目資料

規律的尋求 / 黃敏晃著 — 初版.— 臺北市
　：心理，2000（民 89）
　　　面；　　公分.—（數學教育；3）

　　ISBN 957-702-373-8（平裝）

　　1.數學

　310　　　　　　　　　　　　89004275

讀者意見回函卡

No._____   填寫日期： 年　月　日

感謝您購買本公司出版品。為提升我們的服務品質，請惠填以下資料寄回本社【或傳眞(02)2325-4014】提供我們出書、修訂及辦活動之參考。您將不定期收到本公司最新出版及活動訊息。謝謝您！

姓名：_____ 性別：1□男 2□女

職業：1□教師 2□學生 3□上班族 4□家庭主婦5□自由業6□其他_____

學歷：1□博士 2□碩士 3□大學 4□專科5□高中 6□國中 7□國中以下

服務單位：_____ 部門：_____ 職稱：_____

服務地址：_____ 電話：_____ 傳眞：_____

住家地址：_____ 電話：_____ 傳眞：_____

電子郵件地址：_____

書名：_____

一、您認為本書的優點：（可複選）

　❶□內容 ❷□文筆 ❸□校對❹□編排❺□封面 ❻□其他_____

二、您認為本書需再加強的地方：（可複選）

　❶□內容 ❷□文筆 ❸□校對❹□編排 ❺□封面 ❻□其他_____

三、您購買本書的消息來源：（請單選）

　❶□本公司 ❷□逛書局⇨_____書局 ❸□老師或親友介紹

　❹□書展⇨____書展 ❺□心理心雜誌 ❻□書評 ❼□其他_____

四、您希望我們舉辦何種活動：（可複選）

　❶□作者演講❷□研習會❸□研討會❹□書展❺□其他_____

五、您購買本書的原因：（可複選）

　❶□對主題感興趣 ❷□上課教材⇨課程名稱_____

　❸□舉辦活動 ❹□其他_____ （請翻頁繼續）

廣 告 回 信
台灣北區郵政管理局登記證
北 台 字 第 8133 號

（免貼郵票）

 心理出版社 股份有限公司

台北市 106 和平東路二段 163 號 4 樓

TEL:(02)2706-9505
FAX:(02)2325-4014
EMAIL:psychoco@ms15.hinet.net

沿線對折訂好後寄回

六、您希望我們多出版何種類型的書籍

❶□心理 ❷□輔導 ❸□教育 ❹□社工 ❺□測驗 ❻□其他

七、如果您是老師，是否有撰寫教科書的計劃：□有□無

書名/課程：_____

八、您教授/修習的課程：

上學期：_____

下學期：_____

進修班：_____

暑　假：_____

寒　假：_____

學分班：_____

九、您的其他意見

_____

謝謝您的指教！　　　　　　　　　　　　　　42003